沙拉教室

（韩）金胤晶 著

贝 果 译

辽宁科学技术出版社

沈 阳

前言

源自大自然的烹饪教室
从沙拉开始

万物复苏的春日下午，完稿之后的我正悠闲地享受着温暖的阳光。写这本书的几个月里充满了幸福和快乐，让我回忆起小时候妈妈经常用蔬菜和水果为我们做的"那一碗"美食。

为了抚养我们5个孩子，母亲非常辛苦。每天清晨她都会亲自榨好胡萝卜苹果汁，叫醒家人，开始繁忙的一天。虽然早餐并不丰盛，但总是能看到新鲜的当季水果和蔬菜以及用豆腐做的菜，母亲认认真真准备早餐的身影历历在目，成为我无法忘记的回忆。现在，我能如此迷恋沙拉，应该就是从母亲做的美味绿色拌野菜开始的。一提到沙拉，可能不会觉得是每天吃的家常菜，但其实母亲每天亲手用酱汁拌的野菜和凉粉不就是沙拉吗？

我也像母亲一样，时常苦恼怎样才能用家里零碎的食材做出简单美味的沙拉。就这样日积月累，做出一道道沙拉之后，我决定编写这本书。本书中，我侧重于用"现成食材"制作简单的符合我们口味的沙拉。其实冰箱里的任何食材都能变成精美的沙拉。而且书中还仔细介绍了多款美味酱汁，可以让读者轻松选择自己喜欢的口味。用你喜欢的酱汁，可以多做一些，放在冰箱里慢慢享用。新鲜蔬菜加上你喜欢的酱汁，简单拌一拌，马上就能摆出一桌健康菜肴。

得益于从小养成的健康的饮食习惯，我给我的料理课堂起名为"绿色餐桌"，意思是"用当季健康食材装点餐桌"。在这里我要特别感谢母亲，时常成为实验对象的帅气的老公，以及每次都津津有味地吃完后夸赞"妈妈，你是最棒的料理师"的儿子振桥。

同时也将健康的沙拉送给每一位读者朋友。

绿色餐桌

金胤晶

3

目 录

2　　前言

8　　Lesson.01　沙拉基础之叶菜和香草

10　Lesson.02　沙拉帮手之调料

12　Lesson.03　正确的计量方法

13　Lesson.04　自制沙拉秘诀

DRESSING

Cooking
Class.01

让沙拉更美味的酱汁

16　油类酱汁

18　奶油酱汁

20　水果酱汁

22　酱油酱汁

24　其他酱汁

*所有的酱汁和配方都是双人份。

Salad DIY

Cooking Class.02 用冰箱里的食材DIY沙拉

28　蔬菜

30　土豆与红薯的自制沙拉
32　南瓜与根菜的自制沙拉
34　西蓝花与彩椒的自制沙拉
36　西生菜与蘑菇的自制沙拉

38　洋葱的自制沙拉
40　奶油芝士南瓜沙拉
41　布鲁塞尔球芽甘蓝沙拉
42　香草油蘑菇沙拉
43　根菜沙拉
44　土豆沙拉
45　洋葱圈沙拉

46　水果

48　草莓与香蕉沙拉
50　苹果沙拉
52　西红柿沙拉
54　柑橘与哈密瓜沙拉

56　水果串沙拉
57　柑橘莴苣沙拉
58　蜂蜜黄油苹果沙拉
58　苹果核桃仁沙拉
60　香蕉酸奶沙拉
61　圣女果沙拉

62　肉类

64　鸡肉沙拉
66　猪肉沙拉
68　牛肉沙拉

70　卡真辣鸡肉沙拉
71　香草大蒜鸡腿沙拉
72　鸡肉凉菜沙拉
73　大蒜五花肉沙拉
74　香醋牛排沙拉
75　牛肉凉菜沙拉

76　海鲜

78　基围虾沙拉
80　鱿鱼沙拉
82　章鱼与三文鱼沙拉
84　蛤蜊与扇贝沙拉

86　柠檬蛋黄酱虾仁沙拉
87　黄油烤鱿鱼沙拉
88　柚子鱿鱼沙拉
89　三文鱼沙拉
90　烤扇贝橙子沙拉
91　春野菜蛤蜊肉沙拉

92　谷物

94　超级谷物沙拉
96　豆类沙拉

98　芡实沙拉
99　奇亚籽西柚沙拉
100　小扁豆沙拉
101　鹰嘴豆杯中沙拉
102　野生稻冷沙拉
102　燕麦蘑菇沙拉

104　鸡蛋、豆腐、面包

106　鸡蛋与豆腐沙拉
108　面包沙拉

110　鸡蛋沙拉
111　油炸豆腐沙拉
112　面包条沙拉
112　油炸面包丁沙拉

116 **身轻胃饱的代餐沙拉**

118 芝麻菜西柚沙拉

120 鲜绿沙拉

122 蓝莓麦片沙拉

124 土豆红薯沙拉

126 鸡胸脯肉沙拉

128 熏制鸭胸脯肉沙拉

130 **在家享用气派的咖啡店沙拉**

132 里科塔芝士沙拉

134 考伯沙拉

136 恺撒沙拉

138 熏制三文鱼沙拉

140 香辣泰国面条沙拉

142 牛排沙拉

144 海鲜蘑菇沙拉

146 **能当下饭菜的韩式沙拉**

148 虾仁豆腐沙拉

150 香辣鸡胸脯肉沙拉

152 牛腩韭菜沙拉

154 菠菜牛肉沙拉

156 **保存在冰箱里吃的储藏式沙拉**

158 通心粉沙拉&玉米沙拉

160 卷心菜沙拉&苹果卷心菜沙拉

162 鹰嘴豆沙拉

164 四季豆大蒜泡菜&芦笋洋葱泡菜

166 迷你胡萝卜泡菜&花椰菜泡菜

沙拉基础之叶菜和香草

用于制作沙拉的各种叶菜和香草，虽然看起来差不多，但是各有区别。我们来学习叶菜和香草的不同特点吧。

西生菜
沙拉里使用最多的叶菜，口感鲜脆凉爽是其特点。菜叶是鲜亮的草绿色，建议挑选拎起来沉甸甸的西生菜。用保鲜膜包起来或放进保鲜袋后，放到冰箱里保存。

长叶莴苣
俗称西洋生菜的长叶莴苣，经常用于制作沙拉，含有丰富的多种维生素、矿物质及膳食纤维，口感鲜脆，味道香醇。新鲜的长叶莴苣叶子颜色均匀、有光泽。

芽球菊苣/金玉兰
就像拨开外层菜叶的白菜菜心，芽球菊苣有浅黄色和红色两种颜色。口感嫩脆，稍带苦味，可做沙拉或像白菜一样包饭吃。

芝麻菜
特有的辣香味叶菜，具有像芥末一样的刺鼻而苦涩的味道。叶子颜色越深味道越浓，含有丰富的维生素、矿物质及膳食纤维等营养。可做沙拉，也可以在西餐里当作甘草使用。

蔬菜嫩叶
特点是口感柔嫩，采集各种蔬菜成熟前的嫩叶部分。营养丰富，口感清爽，五颜六色，适用于各种料理。

小萝卜
西洋萝卜的一种，特点是小巧又好看，常用于料理装盘点缀。根部呈圆形，外表是红色，里面是白色。钙、钾、维生素C含量丰富，有助于解毒，因而对醒酒很有帮助。

油菜
长得像菠菜，口感柔嫩，含有丰富的维生素和营养。味道清淡纯粹，适用于各种料理和沙拉。

菊苣
特点是细长的菜梗，尖尖又卷曲的菜叶，刺鼻的香味和苦味。菊苣的主要成分膳食纤维菊粉，能有效阻止吸收胆固醇、解除疲劳并预防糖尿病。

意大利菊苣

长得像西生菜,叶子是紫色。同时有苦味和甜味,可以单独摘下每一片叶子食用,也可以将整棵意大利菊苣放入烤箱或烤架上烤后食用。紫色的叶子和沙拉蔬菜完美搭配,经常做沙拉用。

芹菜

拥有特殊的香味和苦味。芹菜含有丰富的钠、钙、铁等元素,具有镇静安神的效果。根茎越厚,叶子颜色越深,味道越浓就越新鲜。

红牛皮菜

根部为红色,叶子有光泽,主要用于包饭和沙拉。有助于皮肤美容,含有丰富的钙、铁等微量元素,有效阻止脂肪堆积,减肥效果显著。

芥菜叶

芥菜果实结果前长的叶子,味道是芥末味。叶子有绿色和紫红色两种,刺鼻的辣味和香气可以去除腥味。叶子微厚、颜色深又亮的比较好。

橡树叶

叶子又长又细,由于长得像橡树叶子而得名橡树叶。口感像生菜一样鲜脆又醇厚,维生素C含量丰富。

甘蓝

猛地一看很像芥菜叶,特点是叶子更小,形状呈圆形。卷心菜、西蓝花和花椰菜都是甘蓝的变种,甘蓝的味道和营养可见一斑。

罗勒

被誉为香草之王的罗勒,香味强烈、味道苦涩的同时含有甜味。和西红柿、芝士、橄榄油是最佳搭档,是意大利面、比萨等意大利料理中不可缺少的香草。

意大利欧芹

一般用于装饰点缀料理或制作调味汁,是世界上用得最多的香料之一。和叶子短小、叶缘呈弯卷形的欧芹不同,意大利欧芹叶子较大而扁平,苦味较少,香味浓厚。

迷迭香

具有清新香味的迷迭香可以有效去除海鲜和肉类腥味。一般将新鲜的细枝垫在食材底部,或是放入肉类或海鲜里做料理。可以剪断菜叶制作调味汁或混在食材里使用。

百里香/麝香草

特点是香味浓烈刺鼻,可以混在肉类、海鲜类及蔬菜等食材中,用途甚广。新鲜的叶和枝可以有效去除菜的杂味,干百里香可以用作天然调味料。

薄荷

拥有清爽香气的薄荷用于各种料理、甜点、烘焙饮料中,是大众最为熟悉的香草。可以制作酱汁或调味料,散发独特香味,或将新鲜薄荷放在菜肴上作点缀。

香菜

东南亚料理里用得最多的香草,拥有异域香气和味道。喜欢使用香辛料的墨西哥料理里就经常使用香菜,也可以去除海鲜类腥味。

沙拉帮手之调料

可以使用市面上销售的调料增添沙拉美味，提升沙拉口感。提前了解
产品的用途、特点、挑选要领，就可以更简单地做出你想要的沙拉。

橄榄油

压榨橄榄果实做出的橄榄
油，因有利于健康而备受
关注，是用于各种菜肴的
人气食材。含有丰富的不
饱和脂肪酸，有利于血管
和心脏健康，还能帮助吸
收β-胡萝卜素，和绿黄
色蔬菜或水果一起吃效果
更好。

意大利香醋

意大利香醋是用产自意大利
摩德纳的葡萄酿成的葡萄酒
放入木桶中发酵酿制的最高
级食用醋。香气浓厚、酸味
独特、甜味柔和是其特点。
颜色是像酱油色的黑色，多
用于熟蔬菜或肉类、海鲜类
烹饪的调味汁，也用于制作
沙拉。

意大利浓缩香醋酱汁
（balsamic glaze）

将意大利香醋煮至黏稠状
的酱汁。煮意大利香醋
时，也会放入砂糖和香辛
料。意大利浓缩香醋酱汁
可做多种料理的酱汁，也
可做沙拉调味汁。

白葡萄酒香醋和红酒醋

葡萄酒加水稀释酒精后放
入木桶发酵制作而成的食
用醋。酸味较柔软，稍带
甜味，葡萄酒香气隐隐萦
绕，使菜肴的味道更上一
层楼。

芥茉籽酱

不剥开芥末籽皮直接粗粗
地捣碎后，添加各种香辛
料和食用醋等制作而成的
芥末酱汁，也被称为整粒
芥末酱。芥末香味浓厚，食
用时会咬到芝麻大小的芥
末籽，味道非常特别。

第戎芥末酱

使用法国东部城市第戎栽培
的芥末制作的酱汁，质感柔
软、浓厚、辣味强烈。与芥
茉籽酱不同的是，第戎芥末
酱制作时会剥开芥末籽皮。
在第戎芥末酱里加入蜂蜜，
就变成蜂蜜芥末酱。

枫糖浆

从枫树中采集汁液后熬制
而成的香气丰富的糖浆。
枫树汁液本身就有甜味，
加热熬制的话，颜色越来
越深，甜味越发浓厚。

龙舌兰糖浆

用植物龙舌兰的汁液提炼
而成的糖浆。和砂糖相
比，甜味更重，但是热量
更低。颜色和蜂蜜颜色相
似，但是没有蜂蜜那么黏
稠，也易溶于凉水，使用
起来非常便利。

蚝油
新鲜的生蚝用盐腌制后发酵，然后倒掉上面浮着的一层水，剩下的深褐色稠状物就是耗油。蚝油的香气浓厚，咸味强烈，放一点儿就能提升食物的鲜味儿。

淡绿酱汁
大豆发酵后制作的天然酱汁，用于增加汤的鲜味，也可用在各种拌菜、红烧、沙拉和调味汁，增加食物美味的口感并去除杂味。由于不含添加剂，没有刺激性味道，可以充分发挥菜肴的美味。

海鲜酱
浓度很稠的调味汁之一，也被称为海鲜沙司。由扁豆、大蒜、辣椒等调制而成，味道丰富，甜味、辣味、咸味等融合在一起。用来做肉类菜肴的酱汁或提升汤的咸淡。

鱼露
用盐腌制海鲜，长时间发酵制成的酱汁，和韩国的小银鱼汁类似，但是咸味和香味较弱。是东南亚菜肴里经常见到的酱汁，混合食用醋和砂糖等调制成沙拉调味汁味道也很鲜美。

甜辣酱
使用辣椒"chili"调制而成的辣椒酱。主要用于东南亚料理，越来越广泛地用于各种菜肴。可以在超市购买到。

拉差香甜辣椒酱
辣椒、大蒜、砂糖、食用醋等调制而成的酸甜又微辣的泰式酱汁。与甜辣酱不同，拉差香甜辣椒酱更辣，特点是刺鼻性辣味和浓香。

辣椒粉
在辣椒"chili"里添加牛至、胡椒、洋葱、枯茗籽等香辛料调制而成的微辣香辛料。长相和韩国的辣椒粉很像，都是红色粉末，主要用于制作辣味菜肴。

彩椒调料
微辣的香辛料，加热后散发彩椒的香味。由于容易烤煳，不要长时间加热，需要微辣或调色时使用彩椒调料，可以提升菜肴的味道。

卡真调料
制作卡真风格食物时用到的调料。混合大蒜、洋葱、辣椒、胡椒、芥末、芹菜等调制而成。味道微辣，香气特别，可以和面粉混合后待油炸用，也可搭配炒饭、炖菜。

帕玛森芝士
在法国帕尔玛生产的芝士，切成三角蛋糕形状包装后销售。结构非常结实的同时又很容易弄碎，可以用来制作芝士粉，或是切片后撒在沙拉和意大利面上食用。

续随子
用食用醋和盐浸地中海沿岸生长的续随子花蕾制成。同时拥有芥末的辣味和凉爽的清香，可以去除海鲜腥味。特别适合搭配三文鱼菜肴。

鳀鱼罐头
将地中海沿岸捕获的鳀鱼类海鲜收拾后腌制而成，有一种特别的咸味和香味。可以搭配多种菜肴，也可以将鳀鱼罐头当作主要食材使用。

正确的计量方法

如同所有的食物，食材的多少决定了食物的味道。
开始做沙拉前让我们先来了解正确的计量方法，提高成功率。

使用量匙
主要用于计量盐、酱油、蒜末等食材，1/4杯以下的计量。量匙一大勺是15mL，一小勺是5mL。量杯的单位是mL，用来量取大量液体，一量杯等于200mL。

量取粉末食材
量取盐、砂糖、辣椒面、面粉等粉末时使用量匙或量杯，用筷子等抹平上面。量取面粉时不要用力按压面粉。

量取液体食材
酱油、食用醋、鱼露、香油等液体计量时装满量匙或量杯，保持水平线，不要溢出。

量取酱类食材
量取大酱、辣椒酱、蛋黄酱、芥末沙司等高浓度酱类食材时，装在量匙或量杯里，用筷子抹平上方。

量取固体食材
量取谷物、大豆、坚果类等固体食材时，用力按压装在量匙或量杯里的食材，然后抹平上方。固体食材由于体积不同，即使是相同的一杯或一勺，每种食材重量都不同，需要准确的食材重量时可以使用秤。

使用饭勺
使用饭勺代替量匙时，装满饭勺呈堆起圆锥形相当于一大勺的量匙量。

自制沙拉秘诀

本书介绍了如何轻松制作酱汁，以及用冰箱里的食材迅速做出沙拉的方法。使用这本书，尽情享受制作专属于你的沙拉吧。

挑选酱汁
请先制作酱汁，让酱汁入味。

按照食材划分的酱汁，有油类、奶油、果酱、酱油、其他酱汁等种类，非常容易看懂。可以参考图片，确认酱汁名称和食材，轻松挑选你心仪的酱汁。

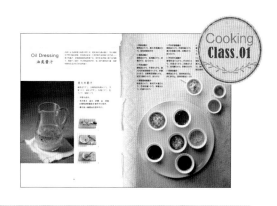

使用冰箱里的食材
挑选出主材料，让它们变身为沙拉。

冰箱里常有的肉类、蔬菜、鸡蛋，以及水果，还有因为不知道烹饪方法而被剩下的食材等，本书会仔细地介绍如何用以上食材做出美味的双人份沙拉。同时还介绍了不同食材的营养、清洗方法及保存方法。尽情挑选食材后，轻松地让它们变身为精美的沙拉吧。

轻松学习配方
挑选心仪的菜单后一步步学着做吧。

经典款沙拉，最近流行的咖啡厅沙拉，可以配米饭吃的韩式沙拉，可以长时间保存的沙拉等各种各样的沙拉配方。你可以参考介绍制作过程的照片和详细的料理说明来做，会做出美味又精美的沙拉。所有的配方分量都是双人份。

DRESSING

让沙拉更美味的

酱汁

酱汁决定沙拉的味道。我时常苦恼这么多种酱汁，到底要选哪一种。想要尽情使用各种食材做沙拉，首先当然需要学会制作各种味道的酱汁。在这里将会介绍一些经典酱汁和其他特色酱汁的制作方法。以后再也不用担心不会做酱汁了。

Salad with

Oil Dressing
油类酱汁

许多人认为油类酱汁味道大同小异，其实油作为基础酱汁，可以调制出不同口味和香味。首先我们来学一下如何制作油类酱汁的代表——意大利酱汁。掌握最基础的油类酱汁后，做别的油类酱汁都不是问题了。根据个人喜好，可以搭配其他材料，加上调节橄榄油分量，就能找到完全适合自己的油类酱汁。

意大利酱汁

橄榄油3大勺、白葡萄酒香醋4大勺、洋葱1/4个、蒜末1/2大勺、砂糖2大勺、盐1小勺、胡椒1小勺

1 洋葱切成末。

2 将洋葱末、蒜末、砂糖、盐、胡椒、白葡萄酒香醋放在碗里均匀搅拌。

3 最后放入橄榄油后搅拌均匀。

1

2

3

1 简易油酱汁
橄榄油4大勺、意大利香醋4大勺、盐和胡椒粉少许

2 清爽油酱汁
橄榄油2大勺、食用醋2大勺、砂糖2大勺、盐1/2小勺

3 芥末油酱汁
橄榄油2大勺、芥菜籽1大勺、意大利浓缩香醋酱汁1大勺、柠檬汁1大勺、白葡萄酒香醋1大勺、龙舌兰糖浆1大勺、盐1小勺

4 蜂蜜酱汁
橄榄油2大勺、第戎芥末酱2大勺、芥菜籽酱1小勺、蜂蜜4小勺、柠檬汁2大勺

5 芥末籽香醋酱汁
橄榄油1大勺、芥菜籽酱1大勺、意大利香醋1/3杯、砂糖3大勺、盐1/2小勺

6 芥末籽大蒜酱汁
葡萄籽油1½大勺、芥末籽1大勺、炒蒜末1大勺、洋葱末1大勺、食用醋2大勺、砂糖1/2小勺

7 坚果油酱汁
橄榄油3大勺、香核桃碎20g、杏仁碎15g、切碎的鳀鱼2~3只

8 续随子油酱汁
橄榄油2大勺、切碎的续随子1大勺、洋葱末1大勺、第戎芥末酱1小勺、少量盐、胡椒粉及香草粉

9 香醋梅子酱汁
橄榄油3大勺、洋葱末1½大勺、意大利香醋1大勺、梅子汁1大勺、第戎芥末酱1小勺、盐、胡椒及香草粉少许

Cream Dressing
奶油酱汁

蛋黄酱和酸奶为基础酱汁，口感柔软。不仅味道香醇，口感也甚好，同时提升沙拉的味道和造型。让我们熟悉掌握奶油酱汁的基础酱汁——酸奶酱汁，然后尽情沉浸在有魔性魅力的奶油酱汁里吧。

酸奶奶油酱汁

原味酸奶3大勺、蛋黄酱2大勺、洋葱1/4个、柠檬汁1小勺、少量盐

1 洋葱切成末。

2 将洋葱末、酸奶、蛋黄酱、柠檬汁和盐放进碗里搅拌均匀。

1

2

1 蛋黄酱酱汁
蛋黄酱5大勺、柠檬汁1大勺、砂糖1大勺、盐1/2小勺、胡椒粉少许

2 蜂蜜蛋黄酱酱汁
蛋黄酱4大勺、蜂蜜1大勺、第戎芥末酱2小勺、柠檬汁2大勺、橄榄油2大勺

3 柠檬蛋黄酱酱汁
蛋黄酱5大勺、柠檬汁1½大勺、牛奶2大勺、洋葱末2大勺、香草粉2大勺、砂糖1大勺、少量盐

4 核桃仁蛋黄酱酱汁
蛋黄酱3大勺、碎核桃仁1大勺、柠檬汁1大勺、食用醋1小勺、砂糖1小勺、少量盐

5 芝麻蛋黄酱酱汁
原味酸奶3大勺、蛋黄酱2大勺、芝麻粉1大勺、牛奶1小勺、食用醋1大勺、砂糖1小勺

6 咖喱酱汁
原味酸奶3大勺、蛋黄酱3大勺、咖喱粉1大勺、柠檬汁2大勺、盐和胡椒粉少许

7 枫糖浆生奶油酱汁
淡奶油4大勺、枫糖浆2大勺、盐1小勺

8 奶油芝士酱汁
奶油芝士1大勺、原味酸奶3大勺、柠檬汁1大勺、橄榄油1大勺、砂糖2小勺

提供酸味、甜味、清爽味道的必备酱汁。一般是榨好水果后使用，但也可以将果肉切碎到可以咀嚼的程度。首先来仔细学习一下大众最为熟悉的菠萝酱汁，然后再来了解各种不同的含有水果新鲜味道和香气的酱汁吧。

Fruits Dressing
水果酱汁

菠萝酱汁

菠萝50g、洋葱末1大勺、食用醋2大勺、柠檬汁1大勺、砂糖4小勺、盐1小勺、葡萄籽油1大勺

1 菠萝榨汁。

2 将榨好的菠萝汁、洋葱末、食用醋、柠檬汁、砂糖和盐放入碗中搅拌均匀。

3 最后放入葡萄籽油，搅拌均匀。

1

2

3

1 番茄罗勒酱汁
切碎的番茄5大勺、罗勒3片
切好、洋葱末1大勺、蒜末
1/4小勺、食用醋1½大勺、橄
榄油1大勺、盐和胡椒粉少许

2 番茄菠萝酱汁
番茄酱1/2杯、番茄沙司1/2
杯、榨好的菠萝50g、辣酱1
小勺、洋葱末30g、生姜汁
1/2小勺、蜂蜜1大勺、酱油2
大勺、少量胡椒粉

3 草莓酱汁
切碎的草莓5颗、橄榄油3大
勺、柠檬汁1大勺、砂糖1小
勺、盐和胡椒粉少许

4 柚子柠檬酱汁
柚子酱2大勺、蒜末1/2小勺、
柠檬汁1个量、橄榄油2大勺、
食用醋1大勺、盐1/2小勺、少
量胡椒粉

5 萝卜柚子酱汁
榨好的萝卜1/4杯、柚子酱1/2
大勺、柚子汁1大勺、食用醋1
大勺、切碎的香葱1大勺、清
酒1/2大勺、水3大勺

6 西柚酱汁
西柚汁1/2个、洋葱末1大勺、
第戎芥末酱1/2大勺、红酒香
醋1/2大勺、橄榄油1大勺、
砂糖1/2大勺、盐和胡椒粉少
许、香草粉适量

7 西柚蜂蜜酱汁
西柚汁1/2个量、橄榄油1大
勺、蜂蜜1小勺

8 猕猴桃酱汁
猕猴桃1个榨好汁、洋葱末
15g、柠檬汁1大勺、枫糖浆1
大勺、橄榄油2大勺、盐和胡
椒粉少许

Soy Sauce Dressing

酱油酱汁

为了更好地展现食物本身的味道和风味，可以用酱油为基础酱汁。酱油酱汁可以搭配许多沙拉，特别是非常适合搭配韩式沙拉。首先来学习一下最具代表性的东方酱汁后，再挑战制作各种类型的酱汁吧。

东方酱汁

酱油2大勺、洋葱末1大勺、蒜末1小勺、料酒1大勺、食用醋1大勺、香油1大勺、芝麻1/2大勺、砂糖1大勺

<u>1</u> 洋葱切丝后再切成末。

<u>2</u> 大蒜切片后再切成末。

<u>3</u> 将洋葱末和大蒜、砂糖、芝麻、酱油、料酒、食用醋、香油放入碗里搅拌均匀。

1

2

3

1 东方香醋酱汁
酱油2大勺、橄榄油6大勺、意大利香醋3大勺、盐和胡椒粉少许

2 酸酱油酱汁
酱油2大勺、食用醋2大勺、砂糖1大勺、香油1大勺、蒜末1小勺、胡椒粉少许

3 芝麻酱油酱汁
芝麻2大勺、捣碎的花生1大勺、水2大勺、橄榄油2大勺、浓酱油1大勺、食用醋1小勺、柠檬汁1小勺、盐1小勺、胡椒粉少许

4 花生酱油酱汁
酱油3大勺、捣碎的花生1小勺、青柠汁3大勺、切碎的香菜1大勺、砂糖1/2大勺

5 韩式酱汁
酱油1大勺、食用醋2大勺、清酒1大勺、香油1大勺、砂糖1½大勺、葱末1大勺、蒜末1小勺、辣椒粉2大勺、芝麻1大勺

6 大蒜海鲜酱酱汁
蒜末1大勺、海鲜酱2大勺、食用醋2大勺、葡萄籽油1大勺、砂糖1小勺、辣椒粉2小勺

7 黄芥末酱汁
黄芥末1大勺、食用醋3大勺、砂糖2小勺、蒜末1/2大勺、酱油1/2小勺

8 味噌蛋黄酱酱汁
味噌酱2大勺、生奶油2大勺、芥末酱1/2大勺、白葡萄酒香醋2大勺、水2大勺、料酒1大勺、蜂蜜1小勺、砂糖1小勺

最近，可以做成酱汁的材料越来越多。如果你平时有喜欢的材料，就可以把它们做成酱汁。原以为不可能做出的味道也有可能变成美味的酱汁。那我们先来学习如何做香醇的芝麻酱汁吧。

Others Dressing
其他酱汁

芝麻酱汁

芝麻4大勺、花生酱2大勺、蛋黄酱2大勺、洋葱末1大勺、砂糖1½大勺、酱油1大勺、食用醋1大勺、香油1大勺、胡椒粉少许

1 芝麻倒入干炒锅里，温度上来后搅拌着炒芝麻。

2 把炒好的芝麻倒进搅拌机里搅拌。

3 将搅拌好的芝麻和剩下的材料放入碗中搅拌均匀。

1

2

3

1 卷心菜酱汁

蛋黄酱5大勺、食用醋1½大勺、砂糖1/2大勺、盐1/4小勺、胡椒粉少许

2 坚果罗勒酱汁

橄榄油1/2杯、切碎的罗勒1/2杯、欧芹粉1/4杯、研磨均匀的松子2大勺、研磨均匀的核桃仁1大勺、帕玛森芝士粉1大勺、蒜末1大勺、白葡萄酒香醋1大勺、盐1/2小勺、胡椒粉少许

3 花生酱汁

鱼露2大勺、研磨均匀的花生80g、红糖4大勺、洋葱末1大勺、蒜末2小勺、柠檬汁2大勺、酱油2小勺

4 香甜辣椒酱酱汁

切碎的红辣椒1½个、蒜末2小勺、砂糖2大勺、青柠汁3大勺、柠檬汁2大勺、鱼露2大勺、拉差甜辣酱2大勺、切碎的香菜、盐和胡椒粉少许

5 辣椒酱酱汁

甜辣椒酱2大勺、辣酱1小勺、水2大勺、蒜末1大勺、切碎的青阳辣椒1小勺、柠檬汁1小勺

6 辣椒豆瓣酱酱汁

豆瓣酱1小勺、蒜末1小勺、切碎的青阳辣椒2个、食用醋2小勺、柠檬汁1小勺、盐1/2小勺、砂糖4大勺、水4大勺

7 干烹酱汁

切碎的红辣椒1大勺、切碎的青辣椒1小勺、砂糖1大勺、酿造酱油2大勺、蒜末1/2小勺、葱末2小勺、食用醋1大勺、葡萄籽油（或芥花籽油）2小勺

8 梅干酱汁

切碎的梅干6个、洋葱末1小勺、食用醋2大勺、料酒1大勺、葡萄籽油1大勺、砂糖4小勺、盐1/2小勺

9 豆腐酱汁

豆腐泥30g、柠檬汁2大勺、橄榄油1½大勺、砂糖1小勺、盐和胡椒粉少许

Salad DIY

用冰箱里的食材

DIY沙拉

用常见而又熟悉的冰箱里的食材，就可以做出你喜欢的沙拉！放在冰箱里的肉类和海产品、蔬菜和水果，只要拿出来简单制作，就能马上变身为沙拉。我会仔细告诉你如何利用肉类、海鲜、蔬菜、水果、谷物及加工食品等材料制作美味沙拉。你不用再去超市或苦恼该如何做沙拉，只要用家里的食材就可以做出满足自己口味的沙拉。

Salad with

蔬菜

利用蔬菜自制沙拉

用我们最常见的新鲜蔬菜做出美味多样的沙拉吧。做法比想象中的要简单，你将会被蔬菜沙拉的魅力所征服。我们先学习如何洗、切、存各种蔬菜，然后再学习制作方法。可以将蔬菜煮、烤、放调料之后，搭配喜欢的酱汁，就可以完成专属于自己的DIY沙拉了。如果不明白不要紧，参考后面的配方，就可以轻松做出美味沙拉。

1 土豆

口感柔嫩清淡，可以搭配各种食材。除了主要成分糖之外，还有丰富的维生素、钾和钙。好的土豆皮薄，形状均匀，颜色淡绿发芽的土豆则不要选择。应在阴凉处避光保存，能防止土豆发芽。

3 红薯

人人都喜爱的甜甜的红薯，红薯皮有光泽，形状均匀，没有瑕疵的比较好。削皮前或削完皮后要马上泡水才能除去涩味。

2 甜南瓜

甜南瓜的矿物质和维生素含量最高，味道甜，经常用于做沙拉。要挑选颜色均匀较深、结实而又沉的南瓜。

4 西蓝花

维生素C含量是柠檬的2倍，简直就是一大块维生素，好的西蓝花花球紧密，中间凸起。根茎营养比花球丰富，我们要学会料理时使用根茎。

5 花椰菜

原产地是欧洲地中海沿岸，花球呈圆形，白色的花球比较好。不仅维生素C丰富，维生素B_1、B_2和食物纤维也很丰富。

6 彩椒

甜味十足，口感香脆，可以直接生吃，是沙拉最佳搭档。好的彩椒颜色鲜明亮丽，外表无瑕疵，彩椒蒂未干。

7 西生菜

可以像水果一样直接生吃，口感香脆。特点是越成熟味道越甜，可以蒸着吃，也能炒着吃。维生素U丰富的西生菜对治疗胃溃疡和胃炎有效，可以预防衰老，促进新陈代谢。好的西生菜应该有绿色的表皮叶，拿起来较沉。

9 蘑菇

拥有特别的香气和味道，特点是有嚼劲。营养丰富的同时，热量很低，是一种健康食品。使用种类多样、味道丰富的蘑菇做健康的沙拉吧。

8 洋葱

含有丰富的二烯丙基硫醚和糖质，同时拥有辣味和甜味，味道丰富。洋葱皮润泽而又结实比较好，表皮发皱说明采摘时间过长。

10 藕和牛蒡

营养丰富的根菜，藕和牛蒡爽脆可口，味道特别。韩餐里主要用来炖煮，如果稍微烤一下或焯一下后用于沙拉也是很好的选择。削皮后的藕和牛蒡泡在加醋的水里可以防止变色。

土豆与红薯的
自制沙拉

一般是煮熟后捣成泥做成沙拉的土豆和红
薯，也有多种食用方法。按照个人口味，
搭配沙拉蔬菜和酱汁就可以了。

土豆泥

土豆3个、蛋黄酱1/2杯、盐少许

1　土豆洗干净后切成块放进锅里，往锅里倒水至正好浸泡土豆，然后开始烧水。水烧开后改成小火，盖上锅盖再煮15分钟左右。

2　土豆煮熟后，捞出土豆，在冷却前用勺子捣碎土豆，放入蛋黄酱和盐。

薯条

土豆2个、橄榄油2大勺、盐和胡椒粉少许

1　洗干净土豆，切成1cm厚的长条。

2　在土豆条上撒盐、胡椒粉和橄榄油，搅拌均匀后，放进180℃的烤箱烤10分钟。

煮小土豆

小土豆20个、大蒜3瓣、盐1大勺

1　将小土豆洗干净后放入锅里，倒入8杯水、盐和大蒜，开始煮。

2　水烧开后再煮25分钟，然后将土豆放入筛锅沥干水分。

烤红薯

红薯2个、桂皮粉1/2小勺、砂糖1小勺、橄榄油2大勺

1　红薯洗干净，不去皮，切大块儿，放入锅里。倒水至正好浸泡红薯，煮20分钟。红薯煮熟后捞出沥干水分。

2　烧热的平底锅里加橄榄油，将油均匀平摊。将煮好的红薯放上去正反面煎。最后撒上砂糖和桂皮粉。

甜南瓜和根菜不用其他的调料，只要加上盐、粗胡椒粉、芝士就能搭配出很不错的沙拉。可以根据你的口味，选择不同的酱汁做沙拉。

南瓜与根菜的
自制沙拉

奶油芝士南瓜

南瓜1/4个、奶油芝士50g、牛奶1~2大勺、盐和胡椒粉少许

1 南瓜掏空里面，在煮开的沸水里煮30分钟左右。

2 趁煮熟的南瓜热时，放入奶油芝士搅拌均匀，倒入牛奶调节浓度。添加盐和胡椒粉入味。

烤南瓜

南瓜1/4个、橄榄油2大勺、香草粉、盐和胡椒粉少许

1 洗净南瓜皮，掏空南瓜里的籽，切成半月形的薄片。

2 在烤盘上铺上吸油纸，放上切好的南瓜片，涂上橄榄油，撒好香草粉、盐和胡椒粉，180℃烤箱烤25分钟。

蒸南瓜

南瓜1/4个

1 洗净南瓜皮，挖掉里面的籽。

2 蒸锅倒水，蒸锅上铺好蒸锅布，放入南瓜蒸至熟透。

烤根菜

南瓜1/4个、红薯1个、花椰菜1/2个、藕1/2个、百里香2~3根、橄榄油1大勺、盐和胡椒粉少许

1 洗净南瓜、红薯和花椰菜，切成适当大小。用刮皮刀去除藕皮，0.5cm厚切片。

2 烤盘上铺好吸油纸，将准备好的食材放上去，均匀撒上橄榄油、盐和胡椒粉，在上面放上带根茎的百里香，在180℃烤箱内烤20分钟。

西蓝花与彩椒的
自制沙拉

西蓝花和彩椒的味道十分美味，因此常用到料理中。制作沙拉的过程中也尽可能保留它们的原味，切好之后，做出健康美味的沙拉。

煮西蓝花

西蓝花1棵、盐2大勺、橄榄油1大勺、迷迭香1根

1 西蓝花洗净，削掉根茎最外层的一层皮，切成长条状。

2 将水、盐、橄榄油和迷迭香放入蒸锅里煮开后，将西蓝花根茎部分浸泡在沸水里煮2分钟。最后将西蓝花的其他部分放进沸水再煮2分钟。

烤花椰菜

花椰菜1棵、洋葱末2大勺、香核桃碎2大勺、咖喱粉1小勺、彩椒调味料1小勺、橄榄油2大勺、盐1小勺、胡椒粉少许

1 花椰菜切成适当大小，放在铺好吸油纸的烤盘上，然后洒上橄榄油、彩椒调味料，撒上咖啡粉。在190℃烤箱烤10分钟。

2 将香核桃碎、洋葱末、盐及胡椒粉加入烤好的花椰菜里拌好。

切彩椒

彩椒2个

1 洗净彩椒，去除彩椒蒂，彩椒切成两半后，将籽掏空。

2 切成你想要的形状，小型的迷你彩椒可直接切成圆形。

烤彩椒

彩椒2个、橄榄油3大勺、盐和胡椒粉少许

1 用夹子夹或筷子插住彩椒，放燃气灶上方烤7分钟左右，直至彩椒皮发黑。

2 将烤好的彩椒放进碗里，盖上保鲜膜待冷却后将彩椒去皮。去皮的彩椒切成两半去籽，切成宽度为0.5cm的长条，加上橄榄油、盐和胡椒粉拌好。

西生菜与蘑菇的
自制沙拉

越嚼越甜的西生菜，通常都是生食，但煮或者烤着吃，也别有一番风味。蘑菇可以直接用烤锅烤，就可以做出特别的沙拉。

切西生菜

西生菜1/4棵

1 西生菜剥去最外面一层叶，洗净后切丝。

2 切丝西生菜放进冷水里浸泡，食用前捞出来沥干水分。

煮西生菜

西生菜1/4棵，盐少许

1 西生菜剥去最外面一层叶，洗净后放入沸水中加盐煮熟。

2 将煮熟的西生菜切丝。

烤西生菜

西生菜1/4棵、橄榄油2大勺、蒜末1小勺、欧芹粉1大勺、盐1/2小勺、胡椒粉少许

1 西生菜剥去最外面一层叶，洗净后切长条。

2 在烤盘上铺好吸油纸，放上西生菜，将拌好的橄榄油、蒜末、欧芹粉、盐和胡椒粉撒在西生菜上面。放入180℃烤箱里烤25分钟。

烤蘑菇

杏鲍菇3个、口蘑5个、香菇4个、橄榄油2大勺、盐和胡椒粉少许

1 杏鲍菇切细长薄片，口蘑切成4份，香菇去掉菌柄后切成4份。

2 烤锅加热后洒好橄榄油，将蘑菇一一放上去，注意不要重叠，撒上盐和胡椒粉后正反面均匀烧烤。

洋葱的
自制沙拉

虽然洋葱不是沙拉的主要食材，只要改变一下烹饪方法，也能做出洋葱的美味沙拉。洋葱既可以搭配酱汁，也可以搭配叶菜。

洋葱丝

洋葱1个

1 洋葱剥皮，洗净后切丝。

2 将切好的洋葱丝泡水里，用手搓洗洋葱去除辣味。

意大利香醋腌洋葱

洋葱2个、大蒜4瓣、意大利香醋4大勺、橄榄油4大勺、盐1小勺、胡椒粉少许

1 洋葱切成两半，再切成1cm厚的洋葱圈，大蒜切片。平底锅洒好橄榄油后炒大蒜，加上洋葱、盐和胡椒粉继续炒至洋葱颜色变浅褐色。

2 洋葱变软后，加入意大利香醋翻炒。香醋的酸味消失，洋葱变光泽后，就可以熄火冷却。

炸洋葱圈

洋葱2个、鸡蛋2个、面包糠1/2杯、炸粉1/2杯、盐和胡椒粉少许，食用油适量

1 洋葱切成1cm厚的洋葱圈。炸粉和面包糠分开放在碟子里铺开，将鸡蛋、盐和胡椒粉放一起打匀。按照炸粉、鸡蛋液、面包糠的顺序包裹洋葱圈。

2 食用油煮到170～180℃，放入裹好面包糠的洋葱圈炸至香脆，共炸2次。

原料

奶油芝士南瓜1杯
培根1条
芹菜2根
胡萝卜1/2根

奶油芝士南瓜沙拉是将煮熟的柔软的南瓜和香喷喷的奶油芝士拌好制成的沙拉。将准备的蔬菜切条，就完成搭配了。

1 准备好奶油芝士南瓜。

2 培根放在烧热的平底锅里炸脆，冷却后切成肉丁。

3 芹菜洗净后，去掉芹菜叶，切成5cm长。

4 胡萝卜削皮洗净后，切成条，长度比芹菜稍短。

5 将奶油芝士南瓜装杯，上面撒上培根丁，旁边摆好芹菜和胡萝卜。

Cream Cheese Sweet Pumpkin Salad

奶油芝士南瓜沙拉

Brussels Sprouts Salad

布鲁塞尔球芽甘蓝沙拉

原产地是比利时布鲁塞尔，现已普及到全世界。模样小巧玲珑、迷你可爱的西生菜，虽小但营养丰富，口感绝佳。

原料
球芽甘蓝20个、黄油2大勺、碧根果和腰果1/4杯、水1/2杯、盐和胡椒粉少许

培根香醋酱汁
橄榄油1/2杯、培根丁1大勺、意大利香醋1大勺、第戎芥末酱1/2小勺、蒜末1/2小勺、香草粉少许

1　去掉球芽甘蓝外皮后洗净，稍大一点儿的切成两半。

2　在锅里加入水和1/2小勺的盐，等水沸腾后，将球芽甘蓝放入锅内，煮10分钟左右至变软。

3　将平底锅烧热，放入黄油至熔化，将碧根果和腰果放入锅中翻炒，再将球芽甘蓝、3大勺开水、剩下的盐和胡椒粉放入继续翻炒。

4　倒上培根香醋酱汁。

原料

烤蘑菇250g
橄榄油1大勺
百里香3根
盐和胡椒少许

鳀鱼油酱汁

橄榄油5大勺
切碎的鳀鱼罐头10g
洋葱末1大勺
蒜末1大勺
食用醋4大勺
盐2/3小勺
胡椒粉少许

烤过的蘑菇口感富有弹性，再用香草油腌制即可做出完美的健康沙拉。利用鳀鱼油酱汁调味，味道变得丰富。

1 准备好烤蘑菇。
2 用定量的食材调制好鳀鱼油酱汁。
3 烤好的蘑菇上洒上香草油，拌好后放入盘中，把调好的鳀鱼油酱汁淋上。

#香草油：百里香切碎，放入盐、胡椒粉和橄榄油搅拌均匀即可。

Hurb Oil Mushroom Salad

香草油蘑菇沙拉

原料

烤根菜100g

欧芹松子酱汁

研磨均匀的松子2大勺
切碎的意大利欧芹30g
蒜末1小勺
盐1小勺
帕玛森芝士粉2大勺
橄榄油2大勺

在烤箱里烤过的各种根菜虽说已经非常美味，但配合香浓的欧芹松子酱汁会使其重生为一道更加可口的沙拉。

1 准备好烤根菜。

2 用定量的食材调制好欧芹松子酱汁，把酱汁淋在根菜上。

Root Vegetables Salad

根菜沙拉

土豆泥100g
火腿30g
鸡蛋2个
黄瓜1/2根
洋葱1/4个
蛋黄酱2大勺
盐少许

把松软的土豆捣碎，放入清脆的黄瓜和香浓的煮鸡蛋，配合蛋黄酱即完成一道爽口饱腹的沙拉。

1 准备好土豆泥。

2 火腿切成1cm长的块，洋葱切丁。黄瓜切薄片，放入盐水中短暂腌制，用凉水冲洗后沥干水分。

3 将鸡蛋放入沸水中煮10分钟，煮好后将鸡蛋剥皮切大丁。

4 用蛋黄酱拌好土豆泥和所有食材，最后装盘。

Potato Salad

土豆沙拉

Onion Ring Salad
洋葱圈沙拉

裹上一层炸粉，炸到洋葱圈酥脆，辣味消失，甜味变浓。与各种蔬菜，还有塔塔酱搭配味道更美。

原料
炸洋葱圈6个、西生菜100g、意大利菊苣50g

塔塔酱
蛋黄酱1/2杯、水煮蛋1/2个捣碎、洋葱末1大勺、切碎的酸黄瓜1大勺、欧芹粉1/2大勺、胡椒粉和柠檬汁少许

1 准备好炸洋葱圈。

2 西生菜洗净沥干，切成适当大小。

3 意大利菊苣洗净沥干，切成适当大小。

4 将西生菜和意大利菊苣放入盘中，往上摆好炸洋葱圈，最后浇上调制好的塔塔酱。

水果

利用水果自制沙拉

如果每天都能吃到水果，根本没必要吃昂贵的营养品。水果不仅可以生食，也可以煮熟或做成水果料理。我们先来熟悉一下每种食物的特性，再学习如何做各种水果沙拉。

1 草莓

特点是维生素C丰富，糖含量高，味道既酸又甜。好的草莓颜色鲜红，有光泽，草莓蒂新鲜。最好的食用方法是不加热直接吃，可以购买足量的当季草莓做成蜜饯后保存，保质期是3~4个月。

2 苹果

特点是香脆可口，清新酸爽，含有丰富的食物纤维，可促进肠胃蠕动。表皮无创口、苹果蒂越新鲜越好。保存时可用纸或塑料包住，放入冰箱或阴凉处。

3 西红柿

含有丰富的维生素A、钾和抑制活性氧的番茄红素，故被称为"超级水果"。好的西红柿颜色均匀，形状是圆形，较沉。

5 柑橘类

特点是果皮表面不平，味道酸爽。柑橘类水果包括橘子、橙子、柠檬、西柚、济州柑橘等。口感酸甜，香气清新，不仅常做成沙拉，还用于各种料理，而且含有丰富的维生素C，可起到预防感冒的作用。

4 哈密瓜

拥有浓香和强烈甜味的哈密瓜，水分丰富，果肉脆嫩，可以直接吃，也可以做成沙拉或甜点。重量足、果皮网纹清晰的是好的哈密瓜。

7 香蕉

特点是果肉甜滑，香味特浓，食用方法简单。属于高热量水果，可以代替早餐。果皮鲜黄，无缺口，香蕉横切面新鲜的较好。香蕉皮出现褐色斑点时，味道最好。

6 杧果

糖含量高、口味柔滑的杧果，可以直接放入沙拉里，也可以搅拌制作酱汁。果皮无缺口、表面光滑有光泽的杧果味道更可口。

酸酸的草莓搭配甜甜的香蕉，在新鲜的水果和绿叶蔬菜上浇上爽口的油类酱汁或者柔和的奶油酱汁，就完成了一道完美的沙拉。

草莓与香蕉
沙拉

草莓切块

草莓100g

1 将草莓放在漏筛里，用流水洗净。

2 沥干草莓水分，切掉草莓蒂，将草莓切成两块，大草莓可以切成4块。

草莓果酱

草莓200g、砂糖100g、柠檬汁2大勺、香草汁1/2小勺

1 将草莓洗净，去掉草莓蒂，切成两块。将一半分量的草莓留着备用，另一半切成小块。

2 将切成小块的草莓、砂糖、柠檬汁放入锅里，用中火炖。待锅里的草莓量减少一半，加入香草汁，熬至变浓稠。熬制完成后关火，把草莓果酱放入已消毒的玻璃瓶里保管。

香蕉切块

香蕉2根、柠檬汁2大勺

1 将香蕉去皮，切成圆形横截面的粗块儿。

2 将切好的香蕉泡进柠檬汁里，防止褐变。

烤香蕉

香蕉2根、砂糖1小勺

1 将香蕉去皮，切成大块儿。

2 用中火加热平底锅，放上切好的香蕉，撒上砂糖后，反复烤香蕉。

苹果沙拉

切好的苹果和沙拉蔬菜搭配起来吃，或者用酸奶简单地拌上，在忙碌的早晨就完成了一盘可口的沙拉。还推荐用黄油炒或者用糖浆熬至无水，这样可以享受到甜味较浓的沙拉。

切苹果

苹果1个、砂糖水1杯

1 将苹果洗净，留皮切成弯月形状、切丝或切成2.5cm的小方块。

2 将切好的苹果放入砂糖水，防止褐变。

蜂蜜黄油苹果

苹果1个、黄油1大勺、蜂蜜1大勺、枫糖浆1大勺、桂皮粉1小勺

1 将苹果洗净，切成大块的楔形。

2 将黄油放入加热的平底锅里熔化，再放上切好的苹果稍微翻烤后，均匀裹上蜂蜜和枫糖浆，最后撒上桂皮粉。

秘制苹果

苹果1个、砂糖50g、柠檬汁1大勺

1 苹果洗净去皮，切成1cm大小的方块。

2 将切好的苹果和砂糖放入平底锅翻炒，炒至水分蒸干，浇上柠檬汁再加热片刻。

西红柿沙拉

只要配合酱汁就能成为一道西红柿沙拉，去皮后秘制，就可以长期保存并可以与各种蔬菜搭配。在容器里浇上橄榄油，撒上盐烤过的西红柿，与肉类更是绝配。

切西红柿

西红柿2个

1 将西红柿蒂朝上，横向切两半。

2 用小勺将西红柿籽掏空，切成适当大小。

去皮圣女果

圣女果20个

1 将圣女果蒂去掉，洗净后蒂的相反面朝上，切十字花。

2 将切好的圣女果放入沸水里焯10秒左右，用凉水冲洗后去皮。

烤圣女果

圣女果20个、橄榄油少量、盐少许

1 将圣女果蒂去掉，洗净后切成两半，将有籽的一面朝上，均匀地摆在烤盘上。

2 将少许橄榄油和盐撒在圣女果上，放入预热至100℃烤箱中烤1小时左右。

柑橘与哈密瓜
沙拉

颜色艳丽的柑橘类水果与绿叶蔬菜是最佳的搭配。可以用砂糖秘制后长期保存，也可以与蔬菜搭配，发酵后煎烤至水分完全蒸发，与肉搭配着吃也很不错。将哈密瓜用挖球器挖出迷你小球，会更有食欲。

切柑橘

柑橘1个

1 将柑橘顶部和底部的皮切掉，使柑橘立住，旋转着切掉柑橘皮。

2 将去皮的柑橘立住，用刀削出里面的果肉。

橘子酱

橘子6个、砂糖100g、低聚糖100g、桂皮粉1小勺、小苏打少许

1 用小苏打搓洗橘子皮，洗净后将橘子切片。

2 将切好的橘子片用砂糖和桂皮粉拌好后，放入已消毒的玻璃瓶里，再倒入低聚糖，放置一周发酵后，过滤掉橘子的酱汁，就可以享用橘子酱了。

腌柑橘

柑橘2个、砂糖200g、小苏打适量

1 用小苏打搓洗柑橘，切成薄片。

2 将切好的柑橘片和砂糖一层层放入消好毒的玻璃瓶里，在常温下放置半天左右，待砂糖溶化后，放入冰箱里发酵一周左右。

切哈密瓜

哈密瓜适量

1 将哈密瓜切两半后，再将其切成3份。

2 用水果挖球器将哈密瓜果肉挖成球形，放入碗中。

Fruit Skewer Salad
水果串沙拉

同样是水果，不同形状和颜色的搭配，会有意想不到的效果。让我们尝试去做不论什么时候上桌都受人喜爱的水果串沙拉吧。

原料
草莓10个、哈密瓜1/4个、菠萝1/4个

菠萝酸奶酱汁
榨好的菠萝汁3大勺、原味酸奶80g、柠檬汁1大勺、蜂蜜1大勺

1 将草莓洗净去蒂，菠萝切成2cm大小的方块。

2 用水果挖球器将哈密瓜挖成球形。

3 将哈密瓜、菠萝和草莓一起穿起来，做成水果串。

4 根据食谱调制好菠萝酸奶酱汁，搭配水果串食用。

原料

柑橘2个
长叶莴苣100g
葡萄干1大勺
帕玛森芝士粉少许

柑橘酱汁

橙汁3大勺
柠檬汁2大勺
洋葱末1小勺
葡萄籽油1大勺
砂糖1大勺
盐2/3小勺

味道好、糖度又高的柑橘，可以切成大块与长叶莴苣搭配一下，没有长叶莴苣可以用其他蔬菜替代。

1 将长叶莴苣洗净，切成适当大小，将柑橘剥皮，掰成单个。

2 根据食谱调制柑橘酱汁。

3 将长叶莴苣和柑橘装盘，上面摆好葡萄干，淋上酱汁，撒上帕玛森芝士粉。

柑橘莴苣沙拉

Honey Apple Salad

蜂蜜黄油苹果沙拉

Apple Walnut Salad

苹果核桃仁沙拉

蜂蜜黄油苹果沙拉

裹上甜蜜的蜂蜜和香浓黄油的苹果，搭配了核桃仁酱汁，这是一道让人心情都愉快起来的甜美沙拉。

原料
蜂蜜黄油苹果1个、蔬菜嫩叶50g、西生菜50g、面包条2条、帕玛森芝士粉少许

核桃仁酱汁
豆乳1/4杯、香核桃碎1大勺、橄榄油1大勺、盐和胡椒粉少许

1　准备好蜂蜜黄油苹果。

2　将蔬菜嫩叶洗净沥干水分，将西生菜洗净沥干水分，切成适当的大小。

3　用定量的食材调制核桃仁酱汁。

4　将蜂蜜黄油苹果、蔬菜和面包条装盘，淋上酱汁后，撒上帕玛森芝士粉。

苹果核桃仁沙拉

这是把甜甜的苹果、香脆的核桃仁和清爽的芹菜搭配起来的沙拉，可以尝试用家里简单的食材制作出特别的沙拉。

原料
苹果1个、核桃仁10粒、芹菜20cm

酸奶奶油酱汁
原味酸奶3大勺、蛋黄酱2大勺、洋葱末1/2大勺、柠檬汁1小勺、盐少许

1　将苹果切成4块，去掉苹果核，切成薄片。

2　将芹菜较硬的外面一层纤维剥掉，将芹菜切细丝。

3　将核桃仁放入干平底锅，烤好后用手掰碎。

4　将苹果、芹菜和核桃仁装盘，淋上调好的酸奶奶油酱汁。

香蕉酸奶沙拉

这款沙拉适合早餐时食用，可以增加饱腹感。制作它只需要1分钟，还可以满足对味道和营养的需求，实在是早餐的一个好选择。

原料
香蕉2根、麦片1/2杯、蔓越莓干2大勺、杏仁片1大勺

枫糖浆酸奶酱汁
原味酸奶80g、枫糖浆1大勺、红酒醋1大勺、芥菜籽酱1大勺、柠檬汁1小勺、柠檬皮碎1大勺、欧芹粉1小勺、盐和胡椒粉少许

<u>1</u> 剥去香蕉皮，切成大块圆形。

<u>2</u> 用定量的食材调制枫糖浆酸奶酱汁。

<u>3</u> 将香蕉和酱汁拌好，装入碗中，再撒上麦片、蔓越莓干和杏仁片。

Small Tomato Salad

圣女果沙拉

圣女果去皮焯过后，口感变得更加柔软，与甜口味的酱汁搭配，冷却以后食用，会成为一道经典的夏季蔬菜。

原料
水煮去皮的圣女果20个、四季豆10条、长叶莴苣或生菜100g、盐少许

蜂蜜香醋酱汁
橄榄油2大勺、意大利香醋1大勺、蜂蜜1/2小勺、盐和胡椒粉少许

1 准备好水煮去皮的圣女果。

2 在沸水里加入少许盐，四季豆稍微焯一下，用凉水冲洗后，切成适当大小。

3 长叶莴苣洗净，沥干水分，切成适当的大小。

4 将长叶莴苣、水煮去皮的圣女果和四季豆放入碗中，倒入调制好的蜂蜜香醋酱汁，拌好后装碗。

1

4

肉类

肉类沙拉

把冰箱里的肉类简单地烹饪一下，与蔬菜和酱汁搭配起来，就完成了一道沙拉。不论哪种肉的哪个部位都没有关系。接下来会介绍各种肉类的烹调方法和制作沙拉的方法。

1 鸡胸脯肉

鸡胸脯肉是无骨的纯瘦肉。肉质紧密有张力，颜色鲜红，有光泽。鸡胸脯肉脂肪含量少，蛋白质丰富，人体所必需的氨基酸含量高于牛肉。不仅可以摄入优质蛋白质，而且热量低，是最佳的减肥食品。

2 鸡腿肉

鸡腿肉是肌肉最发达的部位，肉质富有弹性，口感劲道。想要选出优质的鸡腿肉，要看皮的表面凹凸不平是否明显，肉质是否较硬，稍微泛红的是较好的鸡腿肉。

3 鸡里脊肉

在鸡胸脯肉的内侧，鸡翅膀的下部细长的部位，成分和口感都接近鸡胸脯肉。说到和鸡胸脯肉的区别，口感更柔和一些的是里脊肉。有光泽，颜色呈鲜红色的是较好的里脊肉。

5 五花肉

在猪的前蹄和后蹄之间，猪肚子的部位就是五花肉。瘦肉和脂肪重重交叠，肉质不硬，脂肪含量高，因此，味道很香浓。挑选五花肉时要注意瘦肉是不是鲜明的红色，而且脂肪层的厚度是否均匀。

4 猪颈肉

猪颈肉在与猪耳朵的后方连接的位置，脂肪与五花肉相比较少，但分布均匀，不但美味，而且口感柔和。

6 猪前腿肉

猪的前腿部位，由于包含运动量较大的肌肉部分，肉质有些硬。脂肪含量少，味道纯粹的猪前腿肉，还有着价格低廉的优势。

7 牛外脊肉

在牛的脊椎部位，脂肪含量丰富，而且口感柔和。美味程度使它人气仅次于牛里脊肉。选择牛外脊肉时，红色鲜明、纹路绚丽的为肉质好的牛外脊肉。

9 牛肩肉

牛肩肉在牛前腿的上方，也属于前腿的一部分。脂肪含量较低，使得肉质较硬。但因为脂肪呈细纹状均匀地分布，同时也有很棒的口感。

8 牛腹肉

位于牛的小肚部位，剔骨后才能得到的肉，肉质看上去较硬，其实脂肪均匀分布，口感柔软。

10 牛后鞧肉

在牛后腿最下方的位置，肌肉发达，使得这个部位的肉质较硬又有丰富的肉汁。较硬的肉质和纯粹的味道，使得牛后鞧肉的口味经典美味。

鸡肉沙拉

鸡肉口感柔软，味道清淡，无论任何酱汁都可以搭配。浇上油、撒上盐和胡椒粉轻轻烤制过的鸡肉也好，烤成香辣风味的鸡肉也罢，都可以与任何蔬菜搭配。

煮鸡胸脯肉

鸡胸脯肉1块（100g）、葱白3cm、清酒3大勺、水2杯

1　将水、葱白、清酒倒入锅里，煮沸后，放入鸡胸脯肉，煮20分钟左右。

2　捞出鸡胸脯肉，按鸡肉纹理撕成小条，或切成适当的大小。

香辣鸡肉

鸡胸脯肉2块（200g）、辣椒粉1小勺、彩椒调料1小勺、橄榄油2大勺、盐和胡椒粉少许

1　铺开吸油纸，放上鸡胸脯肉，用混合好的辣椒粉、彩椒调料、盐和胡椒粉均匀裹上鸡胸脯肉，用吸油纸盖住，再用擀面杖敲打成1.5cm厚度后铺开。

2　在加热的锅里放入橄榄油，把腌过的鸡肉放上去，用中火烤20分钟左右至香脆，注意不要烤焦。

卡真鸡肉

鸡里脊肉4块（120g）、卡真调料粉1小勺、咖喱粉1小勺、橄榄油2大勺、盐少许

1　混合盐、卡真调料粉和咖喱粉，用混合好的调料均匀包裹鸡里脊肉。

2　平底锅里放入橄榄油，将鸡里脊肉放上去反复烤15分钟左右。

香草大蒜鸡腿

鸡腿2块、蒜末2大勺、香草粉1小勺、橄榄油1大勺、盐1½小勺、胡椒粉少许

1　用刀在鸡腿划出斜线，将香草粉、蒜末、橄榄油、盐和胡椒粉混合好后，裹住鸡腿。

2　平底锅烧热，将腌过的鸡腿放入锅里，用锅铲按压着中火烤3~4分钟，翻过来小火再烤4~5分钟。

猪肉沙拉

用猪肉制作沙拉的时候，最重要的是把肉腥味去掉。脂肪较多的五花肉推荐用啤酒腌制，其他部位则可以利用口味浓重些的沙司煎熬或放入香料去煮。

烤五花肉

猪肉（五花肉）200g、啤酒
1听（300mL）、盐和胡椒
粉少许

1 啤酒浸泡五花肉1~2小时。

2 平底锅烧热，将五花肉放上
去，撒上盐和胡椒粉，烤15~
20分钟。

烤猪颈肉

猪肉（猪颈肉）200g、猪排
酱3大勺、蚝油2大勺、低聚
糖1大勺、蒜末1小勺、料酒
2大勺、盐和胡椒粉少许、橄
榄油适量

1 平底锅烧热，倒入橄榄油，放上
猪肉，撒上盐和胡椒粉，用微火
烤15分钟左右。

2 混合猪排酱、蚝油、低聚糖、蒜
末、料酒调好酱汁，然后均匀浇
在第一步中烤好的猪颈肉上，反
复加热直至酱汁入味。

白煮肉

猪肉（前腿肉）300g、葡
萄籽油1小勺、调料（水2
杯、洋葱90g、大蒜5瓣、
生姜5g、八角2个、干辣椒
10g、清酒2大勺、月桂叶2
片、辣椒油3大勺、胡椒粒
1/2小勺）

1 平底锅烧热，倒上葡萄籽油，放
上猪肉煎至表皮变脆。

2 将调料和煎好的猪肉放入煮锅，
用大火煮至沸腾。沸腾后调至中
火煮5~10分钟，然后再调至小
火煮30分钟左右。

牛肉沙拉

牛肉只需浇上油、撒上盐和胡椒粉烤一下就很好吃。此外，可以抹上香草或者柑橘蜜饯烤制，散发特殊香味的牛肉会更适合制作沙拉。

秘制牛肉

牛肉（牛外脊肉）100g、橄榄油3大勺、盐少许、胡椒粉1/2小勺

1 用刀背将牛肉轻轻拍打使肉质变软。

2 将牛肉和盐、胡椒粉、橄榄油拌好，装进保鲜袋后放进冰箱，腌制30分钟后取出，放平底锅里烤。

牛排

牛肉（牛腹肉）150g、盐和胡椒粉少许、橄榄油1大勺

1 牛肉放在厨房用纸上，吸收牛血。

2 烤肉盘加热，倒入橄榄油，放上牛肉，撒好盐和胡椒粉，用大于中火的火候烤1~2分钟。

香醋烤牛肉

牛肉（牛肩肉）150g、意大利香醋酱汁（洋葱末2大勺、大藏芥末酱1/2小勺、青梅酱1小勺、意大利香醋1大勺、橄榄油3大勺、香草粉1小勺）、葡萄籽油1小勺、盐和胡椒粉少许

1 用调制好的意大利香醋酱汁拌好牛肉，腌制10分钟左右。

2 平底锅烧热，倒入葡萄籽油，放上腌制好的牛肉，撒上盐和胡椒粉，用中火烤。

煮牛肉

牛肉（后鞧肉）300g、大葱5cm、大蒜3瓣、生姜5g、胡椒粒1/2小勺、清酒2大勺

1 牛肉放入冷水中完全浸泡，2~3小时内要多次换水，使牛血完全流出。

2 牛肉放煮锅里，倒水至完全淹过牛肉，放入大葱、大蒜、生姜、胡椒粒和清酒后，沸水煮1小时。牛肉煮到将筷子扎进去不流血即可捞出。

Cajun Chicken Salad

卡真辣鸡肉沙拉

柔软的鸡里脊肉用卡真调味酱腌制并烘烤就完成了卡真辣鸡肉。再搭配清爽的蔬菜和彩椒就做出了一道媲美于西餐厅的美味沙拉。

原料
卡真辣鸡肉6块、沙拉蔬菜100g、彩椒1/2个

咖喱酱汁
原味酸奶3大勺、蛋黄酱3大勺、柠檬汁2大勺、咖喱粉1大勺、盐和胡椒粉少许

1 准备好卡真辣鸡肉。

2 洗净沙拉蔬菜，沥干水分，切成适当大小。

3 彩椒去籽，切长条。

4 将蔬菜和卡真辣鸡肉、彩椒放入盘中，淋上咖喱酱汁。

香草大蒜鸡腿2只
芝麻菜100g
芥末籽香醋酱汁
橄榄油1大勺
芥菜籽酱1大勺
意大利香醋1/3杯
砂糖3大勺
盐1/2小勺

试试用香草大蒜调味料腌制鸡腿后烤到酥脆，会发现比店里卖的鸡肉更好吃，而且跟沙拉蔬菜也很搭配，味道更是惊人的好吃。

1 准备好香草大蒜鸡腿。

2 洗净芝麻菜，切成适当的大小。

3 将芝麻菜和香菜大蒜鸡腿装盘，最后搭配调制好的芥末籽香醋酱汁。

Herb Chicken Drumstick Salad

香草大蒜鸡腿沙拉

原料

煮好的鸡胸脯肉1块
细叶韭菜100g
蔬菜嫩叶50g

芝麻酱汁

芝麻4大勺
蛋黄酱2大勺
洋葱末1大勺
花生酱2大勺
砂糖1½大勺
酱油1大勺
食用醋1大勺
香油1大勺
胡椒粉少许

把煮好的鸡肉撕成条状，用香浓的芝麻酱汁拌匀，既能享受鸡肉特有的口感，又能把味道体现得淋漓尽致。建议煮鸡肉时，放入大葱和清酒去除鸡肉的杂味。

1 煮好鸡胸脯肉，顺着纹理撕成细条。

2 蔬菜嫩叶洗净沥干，细叶韭菜洗净沥干，切成4cm长。

3 用定量的食材调制芝麻酱汁后，拌好鸡胸脯肉。

4 先将蔬菜和韭菜装盘，再摆上鸡胸脯肉。

Chicken Breast Salad

鸡肉凉菜沙拉

Garlic Pork Belly Salad
大蒜五花肉沙拉

如果想吃五花肉沙拉，可以试着利用大蒜来提升味道。烤制时和大蒜一起烤可以解除腻味，酱汁中多放些大蒜，还可以凸显出辣味，即完成一盘完美的五花肉沙拉。

原料
猪肉（五花肉）200g、大蒜4瓣、洋葱1/2个、沙拉蔬菜100g、橄榄油、盐和胡椒粉少许

大蒜海鲜酱酱汁
蒜末1大勺、海鲜酱2大勺、砂糖1小勺、辣椒粉2小勺、食用醋2大勺、葡萄籽油1大勺

1 沙拉蔬菜洗净沥干，切成适当大小。

2 猪肉切成适当大小，洋葱切丝，大蒜切成薄片。

3 平底锅烧热，倒入橄榄油，翻炒洋葱和大蒜，再放入猪肉，撒上盐和胡椒粉，反复烤肉。

4 将沙拉蔬菜和第三步中烤好的猪肉装盘，搭配调好的大蒜海鲜酱酱汁。

1

3

原料

意大利香醋烤牛肉150g
沙拉蔬菜100g
盐和胡椒粉少许

香醋梅子酱汁

橄榄油3大勺
洋葱末1½大勺
意大利香醋1大勺
梅子汁½大勺
第戎芥末酱1小勺
盐、胡椒粉及香草粉少许

用意大利浓缩香醋腌制的烤牛肉，做出的沙拉与西餐厅里做的沙拉一模一样，还可以搭配各种蔬菜哦。

1 准备好香醋烤牛肉。

2 沙拉蔬菜洗净，切成适当大小，用食材调制香醋梅子酱汁。倒一大勺酱汁，拌好沙拉蔬菜后装盘。

3 烤牛肉切厚块，放在第二步的装盘沙拉上，浇上剩余酱汁。

Balsamic Stake Salad

香醋牛排沙拉

Boiled Beef Salad
牛肉凉菜沙拉

牛后鞧肉放入各种酱料煮会变得更有弹性，味道变得更加香浓。配合
营养满分的韭菜和辣椒粉酱汁，可搭配出黄金比例的沙拉。

原料
煮牛肉200g、洋葱1/2个、细叶韭菜100g

辣椒粉酱汁
辣椒粉2大勺、蒜末2小勺、酱油4大勺、香油2大勺、食用醋2大勺、盐少许

1 准备煮牛肉，切成薄片。

2 细叶韭菜切成4cm长，洋葱切丝。用定量食材调制辣椒粉酱汁，倒入一点
  儿酱汁拌好。

3 将第二步做好的沙拉装盘，放上煮牛肉，均匀地浇上剩余的辣椒粉酱汁。

海鲜

海鲜沙拉

含有丰富营养的各种海鲜，与任何食材搭配起来都会变得更上档次。让我们一起试着去熟记一些海鲜的烹调方法和多姿多彩的配比，你将会越来越期待海鲜沙拉的美味。

1 虾

从腌制鱼虾酱的小虾到在料理中当主材料使用的大虾、中虾，虾的种类繁多。虽说壳聚糖、钙、牛磺酸的含量丰富，胆固醇含量也高，只要不大量食用，就没有太大影响。好的虾背部为深棕色，虾身饱满。外壳有裂痕则说明保存状态不太好，要多加注意。

2 鱿鱼

餐桌上常见的鱿鱼中含有丰富的牛磺酸，可以缓解身体疲劳，而且脂肪含量少，因此也不用担心热量问题。背部呈深棕色，且肉质肥厚的较好，如果表皮有缺口，即为保存不当，应慎重挑选。存放时，应将身体与头部分离，取出内脏后再冷冻。

3 贝类

根据贝类品种的不同，有成分上的差异，但都含有丰富的蛋白质，口感也非常特别。贝壳上没有裂痕、表面干净，而且在闭合状态的贝类比较新鲜。贝类十分容易变质，要挑选新鲜或者活着的食材。

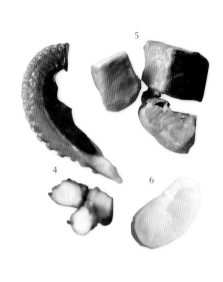

4 章鱼

轻轻焯过的章鱼，可以与各种蔬菜搭配做成沙拉。挑选章鱼时，首先要挑选表面不黏滑，吸盘模样大而且明显的。而选择焯过的章鱼，则要根据肉质有没有弹性来判断好坏。

5 三文鱼

鱼身泛着红色，刺激味觉的三文鱼，是跟沙拉非常搭配的生鱼食材之一。富有丰富的B族维生素的三文鱼，特别有助于恢复疲劳与皮肤美容。很多时候会利用熏制的做法，此外，也常被做成三文鱼排或者烤三文鱼。选择三文鱼做食材时要注意看以下几点：鱼鳞的状态是否紧凑，鱼身是否呈银色，并且富有弹性。切开后的横断面应该是鲜明的粉色，并且透明。

6 扇贝

扇贝是黏在贝壳上的肌肉部分，味道纯粹，以富有弹性的口感著称。因为价格较高，往往用在比较高级的料理当中，但尝试着在家里烹饪的话，可以用适当的价格享受一道有品位的料理。

基围虾沙拉

经过处理后食用方便的基围虾，既可以轻轻焯一下后食用，也可以轻轻煎烤后直接食用。其他种类的虾，要了解正确的冷藏方式、去掉虾尾的方式和烹调方法。

焯基围虾

基围虾20只、盐少许

1 用冷水轻轻洗基围虾。

2 将2杯水倒入煮锅，放盐煮。水煮开后，放入基围虾，稍微焯一下，捞出沥水。

黄油烤基围虾

基围虾20只、黄油1大勺、盐和胡椒粉少许

1 用冷水轻轻洗基围虾，再撒上盐和胡椒粉入味。

2 平底锅烧热，待黄油熔化后，放上入味的基围虾，用中火烤2分钟左右。

香辣虾

虾（大虾）10只、蒜末1大勺、彩椒调料1/2小勺、食用油、盐和胡椒粉少许

1 去掉虾头和虾壳，用牙签取出虾线，用刀划开虾背部后铺开。

2 平底锅烧热后倒油，放蒜末翻炒，散发香味后放虾，撒上盐、胡椒粉和彩椒调料反复翻炒。

炸鲜虾

虾（大虾）10只、裹粉（炸粉1/2杯、水3/4杯、冰少量）、炸粉3大勺、盐和胡椒粉少许、食用油适量

1 去掉虾头和虾壳，用牙签取出虾线，然后用刀刺穿虾尾中心沥水。收拾好的虾撒盐和胡椒粉腌制。

2 腌制好的虾用炸粉蘸匀，放入已混合好的没有小疙瘩的裹粉里均匀蘸好，将包裹好裹粉的虾放入180℃的油里，油炸2次至香脆。

鱿鱼沙拉

口感富有弹性、价格低廉的鱿鱼，是可塑性很强的食材，根据不同的烹饪方法，可以做出多种风味的料理。煮过后与蔬菜搭配，可以放入油类酱汁，也可以烤过或者炸过后放入奶油酱汁。

焯鱿鱼

鱿鱼1条、粗盐适量

1 鱿鱼去腿，取出鱼身内脏，用粗盐用力揉搓去掉外皮洗净。

2 鱿鱼身内侧用刀划出2mm间距的格子形状，然后切成3cm×5cm大小，鱿鱼腿切成两半，将收拾好的鱿鱼放入沸水中焯一下。

黄油烤鱿鱼

鱿鱼1条、黄油2大勺、香草粉1小勺、盐和胡椒粉少许，粗盐适量

1 鱿鱼去腿，取出鱼身内脏，用粗盐用力揉搓去掉外皮洗净。鱿鱼身内侧用刀划出2mm间距的格子形状，然后切成3cm×5cm大小，鱿鱼腿切成两半。

2 平底锅烧热，待黄油熔化后，放上鱿鱼，撒盐后用中火正反面烤3分钟，最后撒上香草粉和胡椒粉。

炸鱿鱼

鱿鱼1条、裹粉（淀粉4大勺、面粉3大勺、胡椒粉1/4小勺、盐1/4小勺）、食用油适量、粗盐适量

1 鱿鱼去腿，取出鱼身内脏，用粗盐用力揉搓去掉外皮洗净。鱿鱼身切成2cm厚的圆形，腿切成两半。

2 用裹粉轻轻包裹收拾好的鱿鱼，然后抖掉多余的裹粉。将鱿鱼放入180℃的油中，炸2分钟至香脆。

鱿鱼条

鱿鱼1条、裹粉（米粉1/2杯、水2/3杯）、辣椒粉1小勺、彩椒调料1小勺、粗盐和食用油适量

1 鱿鱼去腿，取出内脏，用粗盐揉搓去掉外皮洗净。鱿鱼身切成1cm宽的长条，腿切成两半，用调好的裹粉裹好，将鱿鱼放入180℃的油中，炸2分钟至香脆。

2 用混合好的辣椒粉和彩椒调料拌鱿鱼条。

章鱼与三文鱼沙拉

　　因为章鱼和三文鱼有特殊的腥味，推荐搭配带有香味的食材去腌制。使用水果、红酒和续随子，然后加入酱汁拌匀，就变成了一道完美的沙拉。

秘制柚子章鱼

章鱼腿4条、柚子酱1大勺、柚子汁1大勺、柠檬汁1大勺、橄榄油1大勺、盐和胡椒粉少许

1 章鱼腿洗净，放入沸水焯10秒后，立即用凉水冲洗。

2 微斜着切开焯好的章鱼腿，用混合柚子酱、柚子汁、柠檬汁、橄榄油、盐和胡椒粉调制的柚子沙司腌制章鱼腿。柚子沙司不使用时，放冰箱保存。

续随子三文鱼

熏制三文鱼200g、续随子2小勺、柠檬汁1大勺、砂糖1/2小勺

1 续随子切末，然后均匀地混合柠檬汁和细砂糖。

2 将熏制三文鱼铺在大盘子里，均匀地浇上第一步调制好的酱汁，腌制片刻。

烤三文鱼

三文鱼250g、白葡萄酒2小勺、柠檬汁2大勺、塔巴斯科辣椒酱1大勺、蜂蜜1小勺、盐少许

1 三文鱼切成2cm大小的方块状，洒白葡萄酒腌制5分钟左右。

2 用厨房用纸吸干三文鱼上的水分，放入预热过的烤箱，烤7～8分钟直至三文鱼块四面变脆。三文鱼还烫着时，均匀淋上拌好的柠檬汁、塔巴斯科辣椒酱、蜂蜜和盐，搅拌均匀。

蛤蜊与扇贝沙拉

可以让沙拉的味道瞬间变得独特起来的蛤蜊和扇贝，做法要比想象的简单得多。经过各种烹饪方法加工后的蛤蜊和扇贝，可以与爽口的水果酱汁，还有其他酱汁搭配。

水煮蛤蜊

蛤蜊100g、河蚬100g、粗盐1/2大勺、橄榄油1小勺、盐和胡椒粉少许

1 蛤蜊和河蚬放入盐水中去淤泥，然后再放入煮锅里，用水浸泡。加入1/2大勺粗盐，煮至蛤蜊和河蚬微微张开即可。

2 煮好的蛤蜊和河蚬用冷水冲洗，去除水分后，只挑出蛤蜊肉和河蚬肉。倒入橄榄油、盐和胡椒粉调味。

蛤蜊炒大蒜

河蚬100g、蛤蜊100g、蒜末1小勺、洋葱末1大勺、干红辣椒2个、清酒1/4杯、橄榄油1小勺、盐和胡椒粉少许

1 平底锅中倒入橄榄油，放入蒜末和洋葱末翻炒，再加入用盐水泡过后吐完沙的河蚬和蛤蜊。

2 蛤蜊张开嘴时，用手撒上干红辣椒，倒清酒。清酒香味消失，加盐和胡椒粉入味，关火。

烤扇贝

扇贝4个、黄油1大勺、盐和胡椒粉少许

1 将扇贝肉横着切成薄片，用刀前后划开形成围棋盘模样。

2 加热平底锅，待黄油熔化后，放上扇贝肉，撒好盐和胡椒粉，反复煎至金黄。

Lemon Mayonnaise Shrimp Salad
柠檬蛋黄酱虾仁沙拉

把炸好的酥酥的虾和香浓的柠檬蛋黄酱酱汁搭配起来拌好，再加上新鲜的蔬菜，一盘刺激味觉的沙拉就这样完成了。

原料
炸鲜虾10只、沙拉蔬菜100g、柠檬1/4个

柠檬蛋黄酱酱汁
蛋黄酱5大勺、柠檬汁1½大勺、砂糖1大勺、牛奶2大勺、洋葱末2大勺、香草粉2大勺、少量盐

1 准备好炸鲜虾。

2 蔬菜洗净，沥干水分。

3 将定量的食材均匀混合，制成柠檬蛋黄酱酱汁。

4 将酱汁倒入炸鲜虾里，轻轻拌好。

5 将沙拉蔬菜装盘，放上拌好酱汁的炸鲜虾，最后配上柠檬。

原料

黄油烤鱿鱼1只

卷心菜1/4个

橄榄油2大勺

蒜末1小勺

香草粉1小勺

盐1/2小勺

胡椒粉少许

核桃仁蛋黄酱酱汁

蛋黄酱3大勺

碎核桃仁1大勺

柠檬汁1大勺、食用醋1小勺

砂糖1小勺、少量盐

用黄油烤出的鱿鱼和烤箱中烤出的甜脆的卷心菜，就可以完成色香味俱全的沙拉，你有可能会被这种独特的味道深深吸引。

1　准备好黄油烤鱿鱼。

2　烤盘上铺好吸油纸，卷心菜切两半放上去，然后将混合好的橄榄油、蒜末、香草粉、盐和胡椒粉均匀撒在卷心菜上面。在180℃烤箱中烤25分钟。

3　将黄油烤鱿鱼和烤好的卷心菜装盘，淋上调好的核桃仁蛋黄酱酱汁。

Grilled Squid With Butter Salad

黄油烤鱿鱼沙拉

原料

秘制柚子章鱼1杯
橙子1个
西生菜8片

柚子酱汁

柚子酱2大勺
柚子汁2大勺
柠檬汁3大勺
橄榄油2大勺
蒜末1/2小勺
盐和胡椒粉少许

煮好的鱿鱼用柚子酱汁拌好，与新鲜的西生菜和甜美的橙子搭配就完成了一款爽口的鱿鱼沙拉，不要忘记最后适当地浇上柚子酱汁哦。

1 准备好秘制柚子章鱼。

2 橙子切掉上下两头，去皮后剥出果肉。西生菜洗净，切成适当的大小。

3 将西生菜、橙子和章鱼装盘，淋上调好的柚子酱汁。

Yuja Octopus Salad

柚子鱿鱼沙拉

Salmon Salad
三文鱼沙拉

用续随子酱腌制好的熏制三文鱼，湿润的口感会持续很久，而腥味却消失，与西生菜和蔬菜嫩叶搭配，完美的三文鱼沙拉就诞生了。

原料
续随子三文鱼200g、西生菜4片、蔬菜嫩叶50g
蜂蜜柠檬酱汁
柠檬汁1/4杯、蜂蜜1大勺、橄榄油1/2杯、盐1/2小勺、胡椒粉少许

1 准备好续随子三文鱼。

2 嫩叶蔬菜用凉水冲洗后，沥干水分。西生菜洗净后，沥干水分，切成适当大小。

3 将定量的食材混合均匀，调好蜂蜜柠檬酱汁。

4 将西生菜装盘，摆上续随子三文鱼和蔬菜嫩叶，淋上酱汁。

原料

烤扇贝4个

橙子1个

沙拉蔬菜100g

橙子芥末酱汁

橙汁3大勺

柠檬汁1大勺

蜂蜜1大勺

第戎芥末酱1/2大勺

芥菜籽1/2大勺

橄榄油2大勺

盐和胡椒粉少许

脆脆的沙拉蔬菜上均匀地摆上口感柔和的扇贝和清爽的橙子，只要看一眼都让人流口水。

1 准备好烤扇贝。

2 沙拉蔬菜洗净后沥干水分，切成适当大小。

3 橙子切掉上下两头，去皮剥出果肉。橙子皮切丝。

4 将沙拉蔬菜和橙子、扇贝装盘，淋上调好的橙子芥末酱汁，撒上橙子皮丝。

Grilled Cappesante Orange Salad

烤扇贝橙子沙拉

Spring Greens Clam Salad

春野菜蛤蜊肉沙拉

利用绿油油的春野菜和口感筋道的蛤蜊，做一道适合春天的沙拉吧。香浓的大酱酱汁，均衡了各种味道，每样食材完美地搭配在一起。

原料
水煮蛤蜊100g、春野菜（大叶芹、野蒜等）150g、红辣椒1/2个
大酱酱汁
大酱3大勺、苏籽油1小勺、清酒2大勺、盐少许

1　准备好煮好的蛤蜊肉。

2　春野菜洗净，沥干水分，切成适当大小。

3　红辣椒去籽，切碎。

4　混合定量食材，调好大酱酱汁。

5　用酱汁拌好春野菜和蛤蜊肉，调好咸淡后装盘，最后撒上切碎的红辣椒。

谷物

谷物沙拉

碳水化合物、蛋白质、矿物质都很丰富的谷物食材，因为充足的营养和餐后饱腹感，成为饭桌上不可或缺的食材。让我们了解被称为超级谷物，且越来越受瞩目的多种谷物和豆类吧，同时也记住怎样去美味地烹调这些食材。

1 芡实

芡实的植物性蛋白和抗氧化成分极其丰富，同时也因为较高含量的钙和铁，被称为超级谷物。主要在南美栽培。外观看上去像小米的芡实，可以轻轻炒过后当成燕麦片吃，也可以和大米掺在一起焖饭吃，煮熟后放到各种各样的料理当中也是很好的搭配。

2 燕麦

燕麦的外观看上去与大麦有些相似，但是颗粒要大一些，颜色偏黄。燕麦的蛋白质含量是大米的2倍，是高蛋白、低脂肪的超级营养食品。食物纤维的含量也极其丰富，既有助于消化也有预防便秘的作用。形状饱满、表面有光泽的是质量较好的燕麦，建议在烹调之前充分泡开后使用。

3 奇亚籽

奇亚籽是一种名为奇亚的植物种子，含有丰富的矿物质、鱼肝油成分和食物纤维等各种营养成分。在水中浸泡到芝麻粒大小时，种子吸收水分后大小是原来的10倍左右，并会变成啫喱状。可以浸泡后直接食用，也可以搭配到各种料理当中，是一种常用食材。

4 野生稻

呈黑色，长长的外形是野生稻的特点，嚼起来特别的香。野生稻含有丰富的蛋白质、矿物质、食物纤维和各种维生素，抗氧化效果是大米的30倍以上。

1   2   3   4

5   6   7   8

5 小扁豆

被称为五大健康食品之一的小扁豆含有丰富的植物性蛋白、维生素、矿物质和食物纤维，而且对血液和健康十分有帮助，对皮肤美容有着卓越的效果。口感香浓、柔和是其特点，不需要用水浸泡，可直接烹饪。要提醒一下，被水浸泡反而有可能破坏形态，降低口感。

6 扁豆

扁豆有紫色，还有紫蓝色。扁豆食物纤维含量丰富，因此有助于消化。丰富的蛋白质、B族维生素、矿物质，特别适合孩子们食用。在选食材时，要看扁豆粒的表面是否光滑，且大小均匀。保管时，则需要在没有湿气、通风、避光的地方保管。当季的扁豆不需要经过泡水，可以直接烹调，但如果是前年的扁豆，则需要在水里泡一个晚上。

7 黄豆

制作豆腐和豆瓣酱时通常都使用黄豆。黄豆中的蛋白质含量与牛肉和猪肉相比也毫不逊色。丰富的钙、铁、异黄酮含量还起到预防骨质疏松症的作用。因为与女性荷尔蒙有类似的功效，对女人的身体特别有帮助。挑选黄豆时，要看表面是否均匀且干净，而且还要有光泽。

8 鹰嘴豆

因为形状像鸟类的嘴部，而被称为鹰嘴豆。像坚果一样香浓的味道和软绵绵的口感是它的特征。在市场上，我们一般可以购买到风干或者泡开后罐装的鹰嘴豆。风干的鹰嘴豆用水泡开后使用，而罐装的只需用流水洗过一次之后即可使用。

超级谷物沙拉

超级谷物非常有益于身体健康，想经常食用，但总会觉得制作起来很难。让我们一起记住制作超级谷物食品的方法以及与它们更搭配的酱汁。

水煮芡实

芡实1/2杯

1 芡实泡热水5小时以上。

2 将泡好的芡实放入沸水，煮10分钟左右。

炒奇亚籽

奇亚籽4大勺

1 小火烤平底锅，放上奇亚籽，翻炒2分钟左右。

2 将炒好的奇亚籽铺在大盘子上冷却。

水煮燕麦

燕麦1杯、橄榄油1小勺

1 燕麦洗净，浸泡半天，充分泡开。

2 锅里倒入足量的水，放入燕麦煮20～30分钟，煮至圆鼓。然后马上用凉水冲洗后，用筛子过滤水分，倒入橄榄油轻轻拌好。

煮野生稻

野生稻1杯、橄榄油1小勺

1 锅里倒入足量的水，放入洗净的野生稻，煮30分钟左右。

2 用筛子托着煮好的野生稻用流水冲洗干净后，过滤水分，倒入橄榄油拌好。

豆类沙拉

颗粒大，且容易散开的豆类，怎样使用到沙拉当中呢？比起大片叶子的蔬菜，小片的蔬菜嫩叶和水果、海鲜、蘑菇才是豆类的最佳拍档。

豆类组合

各种豆类1杯、芸豆5根、橄榄油1小杯、盐少许

1 将盐、豆类和芸豆放入沸水，焯好后，用凉水冲洗后沥干水分。

2 芸豆切成适当大小，加橄榄油和煮好的豆类，均匀拌好。

炒小扁豆

小扁豆1杯、牛肉末50g、彩椒末1大勺、洋葱末1大勺、蒜末1小勺、蚝油1小勺、盐和胡椒粉少许

1 将小扁豆放入沸水中，煮7分钟左右。煮熟后，凉水冲洗，用筛子过滤水分。

2 平底锅烧热，放入洋葱末和蒜末翻炒1分钟，放入牛肉末翻炒至牛血消失。放小扁豆炒熟后，再放彩椒末、蚝油、盐和胡椒粉翻炒。

煮鹰嘴豆

鹰嘴豆1/2杯、橄榄油1小勺

1 鹰嘴豆洗净后浸泡一晚上。

2 煮锅里放入鹰嘴豆和2倍的水，加盐煮30分钟左右。鹰嘴豆煮熟后捞出，过滤水分，用橄榄油拌好。

烤鹰嘴豆

鹰嘴豆1/2杯、橄榄油1大勺、枫糖浆1大勺、红糖1大勺、桂皮粉1/4小勺

1 鹰嘴豆洗净，浸泡一晚上。去掉水分后，将鹰嘴豆均匀地铺在烤盘上，放入180℃烤箱中烤30分钟。

2 烤好的鹰嘴豆加上橄榄油、枫糖浆、红糖、桂皮粉拌好，再放入烤箱烤10分钟。

水煮芡实1/2杯

长叶莴苣150g

圣女果5个

红洋葱1/5个

芥末油酱汁

橄榄油2大勺

芥菜籽1大勺

意大利浓缩香醋酱汁1大勺

柠檬汁1大勺

白葡萄酒香醋1大勺

龙舌兰糖浆1大勺、盐1小勺

在混合好的爽口的圣女果、红洋葱和长叶莴苣上面摆上几个煮好、成团的芡实，就完成了一道让人赞不绝口的美味沙拉。

1 圣女果去蒂，洗净后切两半，洋葱切丝后，泡冷水去辣味。长叶莴苣洗净后，撕成适当大小。

2 将定量的食材混合，调制芥末油酱汁。

3 将步骤1和一半的酱汁倒入容器，均匀拌好后装盘，零星摆放芡实，浇上剩下的酱汁。

Amaranth Salad

芡实沙拉

Chia Seed Grapefruit Salad

奇亚籽西柚沙拉

古代的玛雅人喜欢食用奇亚籽，翻炒后撒在清爽的西柚上，这道沙拉就完成了。也可以试着搭配冰箱里常见的其他蔬菜。

原料
炒奇亚籽4大勺、西柚1个、迷你彩椒4个
西柚蜂蜜酱汁
西柚汁1/2个量、橄榄油1大勺、蜂蜜1小勺

1 准备炒好的奇亚籽。

2 西柚切掉上下两端，用刀削皮后，挖出果肉。

3 迷你彩椒切圆形薄片。

4 将定量的食材混合，调制西柚蜂蜜酱汁。

5 将西柚和彩椒装盘，撒上足量的奇亚籽，淋上酱汁。

1

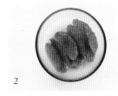
2

Lentil Bean Salad
小扁豆沙拉

把捣碎的牛肉、蔬菜，炒好的、香喷喷的小扁豆搭配在一起，把它做成一口大小，就可以尽情享受一道精致的沙拉。

原料
炒小扁豆1杯、西生菜1/2个、蔬菜嫩叶少许

蚝油酱汁
蚝油1大勺、辣椒末1大勺、葱末1小勺、蒜末1小勺、清酒2大勺、蜂蜜1小勺、橄榄油1大勺、砂糖1/2大勺

1 准备炒好的小扁豆。

2 西生菜洗净，切成适当大小。如果西生菜不脆嫩，可先短暂泡在冰水里，食用前捞出洗净。

3 将定量的食材混合，调制蚝油酱汁。

4 在盘子里铺上西生菜，放上一勺炒小扁豆，淋上酱汁。

5 最后用蔬菜嫩叶装饰。

鹰嘴豆2/3杯
黄瓜1/2根
杧果1/2个
圣女果8个
蔬菜嫩叶40g
水1½杯
盐适量

杧果酱汁

榨好的杧果4大勺
洋葱末2大勺
柠檬汁2大勺
橄榄油2大勺
胡椒粉少许

把圆圆的鹰嘴豆放入透明的杯子里，再搭配上各种鲜艳的水果和蔬菜，即刻就变成了一道美味又时尚的沙拉。既可以当作一份早餐，也可以当成零食来享用。

1 将泡好的鹰嘴豆、水1½杯和适量盐放进锅里，煮30分钟左右。煮好鹰嘴豆后，用筛子过滤水分，倒入橄榄油均匀拌好。

2 杧果切成1cm大小的方块，圣女果切成4份。黄瓜也切成同样大小，蔬菜嫩叶洗净沥干水分。

3 将定量的食材混合好，调制杧果酱汁。

4 将黄瓜、杧果、圣女果、鹰嘴豆和蔬菜嫩叶装入透明杯子，浇上酱汁。

Chickpea Cup Salad

鹰嘴豆杯中沙拉

Wild Rice Cold Salad

野生稻冷沙拉

Oat Mushroom Salad

燕麦蘑菇沙拉

野生稻冷沙拉 Wild Rice Cold Salad

外观看起来像黑米、细长的野生稻，一触即破的口感和香浓的味道是它的特点。与黄色的甜南瓜搭配，不管是味道还是颜色，都非常相称。

原料
煮野生稻1杯、甜南瓜1/4个、蔬菜嫩叶50g、橄榄油适量

桂皮柠檬酱汁
柠檬汁4大勺、橄榄油2大勺、砂糖1小勺、桂皮粉1/2小勺、盐和胡椒粉少许

1　准备煮好的野生稻。

2　甜南瓜切成扁扁的半月形，放入倒有橄榄油的锅里，小火烤。

3　蔬菜嫩叶洗净沥干水分。

4　将定量的食材混合，调制桂皮柠檬酱汁。用适量的酱汁均匀拌好野生稻和甜南瓜，放置一边入味。

5　入味后，将野生稻和甜南瓜装盘，摆上蔬菜嫩叶，浇上剩下的酱汁。

燕麦蘑菇沙拉 Oat Mushroom Salad

煮过后味道更加香浓的燕麦，用意大利浓缩香醋酱汁拌好，与烤好的蘑菇搭配起来，就完成了一道足以充当一餐的沙拉。

原料
水煮燕麦1杯、杏鲍菇2个、双孢菇3个、香菇2个、蔬菜嫩叶40g、盐和胡椒粉少许、橄榄油适量

柠檬香醋酱汁
橄榄油2大勺、柠檬汁2小勺、意大利香醋1/2小勺、盐和胡椒粉少许

1　准备煮好的燕麦。

2　杏鲍菇切成3～4份，双孢菇切两半，香菇去掉根部坚硬的部位，切成4份。将蘑菇铺开放在烧热的锅上，洒上橄榄油，撒上盐和胡椒粉，前后均匀烤熟。

3　将定量的食材混合，调制柠檬香醋酱汁。

4　煮好的燕麦和适量酱汁均匀拌好装盘，摆上烤好的蘑菇和蔬菜嫩叶，淋上剩下的酱汁。

鸡蛋、豆腐、面包

利用鸡蛋、豆腐、面包制作沙拉

家中常备的鸡蛋、豆腐、面包是制作起来最简单的食材。鸡蛋、豆腐、面包虽是日常生活当中经常使用到的，但种类、选择食材的方法和烹调的方法较多，需要我们更进一步了解食材的特性！其实鸡蛋、豆腐、面包就足以做出一份美味的沙拉。

1 鸡蛋

富含各种营养成分的鸡蛋价格低廉，真可谓是最亲民的食材。它富含除了维生素C以外的几乎所有的营养成分，而且消化和吸收率非常高。鸡蛋皮的颜色根据品种和鸡饲料的不同会有差异，但味道和新鲜度是几乎没有差异的。表面粗糙且在灯光下更加透明是新鲜的鸡蛋。鸡蛋是极易保存的食材，虽不需要太过注意，但如果想长时间保存，把尖的一端朝下放置保存更好。因为圆的一端有鸡蛋的气孔。除此之外，因为鸡蛋有味道容易渗透在里面的特性，不要跟鱼、洋葱、辣白菜等味道浓重的食材存放在一起。

2 豆腐

营养丰富的大豆磨成的豆腐，消化和吸收率都很高，而且容易烹调，因此，常用于各种料理当中。除了最常见的豆腐块以外，还有没有凝固的嫩豆腐和凝固状态在两者之间的软豆腐。在选豆腐的时候要挑选表面平滑、边角没有破损的豆腐。因为有水分，豆腐是很容易腐坏的食材，要放到冰箱里保管，而且要让豆腐整个被水浸泡后盖上盖子或用保鲜膜包起来保管，注意里面的水要每天更换一下。

3 面包

面包常用于早餐或午餐等简餐中，是既省时又方便食用的食材。既有嚼头，而且越嚼越香。最近，口感粗糙的谷物切片面包也很有人气。涂上一层薄薄的黄油，轻轻烘烤一下，就可以和沙拉搭配，或者用切片面包把各种蔬菜夹起来，做成三明治也十分美味。

1

2

3

鸡蛋与豆腐
沙拉

清淡、香浓的鸡蛋和豆腐不管
搭配什么样的蔬菜和酱汁都很
美味。可以通过煮、煎、腌制
做出多款沙拉。

水煮蛋

鸡蛋2个、食用醋1小勺

1 鸡蛋放入锅中，倒水正好浸泡鸡蛋，倒入食用醋，用大火煮。

2 鸡蛋全熟需要15分钟，半熟需要8～10分钟。煮好的鸡蛋立即放入凉水冷却，剥皮后放凉水里。

卧鸡蛋

鸡蛋2个、食用醋3大勺、食用油和盐少许

1 煮锅里倒水，深度超过10cm，放入盐和食用醋煮。汤勺里涂抹食用油，打一个鸡蛋进去，慢慢地放入沸水里煮熟。

2 蛋白慢慢由透明变成白色后，把汤勺往下扣，使鸡蛋沉入锅里，煮1分钟左右。卧鸡蛋煮好后放入凉水里。

脆皮豆腐

豆腐1块、淀粉1/2杯、盐少许、食用油适量

1 豆腐切成2.5cm大小的方块，撒上盐，用厨房吸油纸按压吸走水分。在大托盘上铺好淀粉，豆腐放上去均匀裹好。

2 油加热，将裹好淀粉的豆腐放入烧开的油里，炸2次后放在厨房吸油纸上吸干油分。

烧豆腐

脆皮豆腐1块、调料（酱油1½大勺、清酒1大勺、水1大勺、生姜汁1小勺、蒜末1小勺、糖稀1大勺、芝麻油和芝麻少许）

1 将调料和脆皮豆腐放入煮锅里，用中火炖。豆腐要翻过来再炖，使豆腐入味。

2 炖好豆腐后，捞出豆腐，切成适当大小。

面包沙拉

简单又饱腹的切片面包可以用到沙拉里。将面包切块后，做成酥软的面包丁，再和水果与蔬菜搭配即可。

面包丁

吐司1/4个、橄榄油3大勺、蒜末1小勺、帕玛森芝士粉1大勺、欧芹末1大勺

1 吐司面包切成3cm大小的方块。将切好的面包、橄榄油、蒜末、帕玛森芝士粉、欧芹粉装入容器拌匀。

2 拌好的面包放入180℃烤箱烤8~10分钟。或者也可以放入烧热的平底锅烤。

面包条

面包2片、橄榄油1/2大勺、盐和胡椒粉少许

1 面包切掉边缘，切成厚度为2cm的长条。

2 平底锅烧热后倒橄榄油，放入切好的面包条，撒上盐和胡椒粉，小火烤至面包两面金黄。

法式吐司

面包2片、黄油1大勺、枫糖浆2大勺、鸡蛋液（鸡蛋1个、牛奶1/2杯、枫糖浆1小勺、盐少许）

1 在容器中调好鸡蛋液，面包切两半变成三角形，将其全浸泡在鸡蛋液里。

2 平底锅烧热，黄油化开，放入浸有鸡蛋液的面包，前后煎烤。面包烤完后装盘，淋上枫糖浆。

原料

鸡蛋2个
食用醋1大勺
长叶莴苣120g
圣女果10个

蛋黄酱酱汁

蛋黄酱5大勺
柠檬汁1大勺
砂糖1大勺
盐1/2小勺
胡椒粉少许

把煮鸡蛋和圣女果、长叶莴苣用香浓的蛋黄酱酱汁拌在一起
就完成啦，也可以当成三明治的夹馅来使用。

1 鸡蛋放入锅中，水倒至刚好浸泡鸡蛋，放入食用醋，大火煮12分
钟左右。鸡蛋煮好后，立即放入凉水冷却，剥皮切成4份。

2 长叶莴苣凉水冲洗后，撕成适当的大小，用筛子过滤水分。圣女
果去蒂，洗净后切两半。

3 将定量的食材混合，调制蛋黄酱酱汁。

4 用酱汁拌好鸡蛋、长叶莴苣和圣女果。

Egg Salad
鸡蛋沙拉

Fried Tofu Salad

油炸豆腐沙拉

大家都很熟悉的豆腐，炸过后就变身为完全不同的料理。搭配大蒜酱油酱汁，就变成一道可口的韩式沙拉。

原料
脆皮豆腐1块、大蒜5瓣、小萝卜2根、蔬菜嫩叶100g、黄瓜1/2个

大蒜酱油酱汁
酱油2大勺、蒜末2大勺、食用醋2大勺、砂糖1大勺、葡萄籽油3大勺、水2大勺、香油1小勺、胡椒粉少许

1　准备好脆皮豆腐，炸豆腐时一起炸切片的大蒜。

2　小萝卜切成薄薄的圆片。黄瓜斜切成0.3cm厚度的圆片。

3　蔬菜嫩叶洗净后，沥干水分。

4　将定量的食材混合，调好大蒜酱油酱汁。

5　将食材和炸好的豆腐装盘，淋上酱汁。

Bread Stick Salad

面包条沙拉

Croutons Salad

油炸面包丁沙拉

面包条沙拉 Bread Stick Salad

涂了一层油烤过的香浓的面包条上，摆上满满的柔和的奶
油芝士甜南瓜的沙拉。

原料
面包条4根、甜南瓜1/4个、奶油芝士50g、牛奶1～2大勺、盐和胡椒粉
少许

枫糖浆香醋酱汁
枫糖浆1大勺、意大利香醋1小勺、橄榄油1大勺

1 准备好面包条。

2 甜南瓜去籽，放入沸水煮30分钟。

3 甜南瓜趁热捣碎，加奶油芝士轻轻拌匀，加牛奶调好浓度后，加盐
　和胡椒粉调咸淡，完成奶油芝士甜南瓜。

4 将定量的食材混合，调好枫糖浆香醋酱汁。

5 将面包条和奶油芝士甜南瓜装盘，浇上酱汁。

油炸面包丁沙拉 Croutons Salad

把剩余的切片面包烤成脆脆的面包丁。再把爽口的黄瓜和西红柿、
芹菜切成类似的大小，放入油类酱汁拌匀，就完成了方便食用的一
款沙拉了。

原料
面包丁2杯、芹菜1根、黄瓜1根、西红柿1个、欧芹粉1大勺

简易油酱汁
橄榄油4大勺、意大利香醋4大勺、盐和胡椒粉少许

1 准备好面包丁。

2 芹菜去根后，表皮用刮皮刀削掉，然后斜着切段。

3 黄瓜切片，西红柿切两半去籽，要切得比黄瓜大。

4 将定量的食材混合，调好简易油酱汁。

5 将面包丁、芹菜、黄瓜、西红柿和欧芹粉装盘，倒入酱汁拌匀。

Cooking
Class.03

谁都可以轻松做出的

Special SALAD

特制沙拉

身轻胃饱的

代餐沙拉

这一顿饭，吃一盘沙拉就够了！如果在减肥或为了
健康需要调整饮食结构，那沙拉是最好的选择。加
入各种蔬菜和调料，制作出最适合自己的一道色香
味俱全的料理吧。

Special
SALAD 01

酸甜爽口的西柚可以与任何
食材搭配。使用油类调味酱
把牛肉腌制后煎烤，再和芝
麻菜搭配就完成了一道经典
的沙拉。

芝麻菜西柚沙拉

原料

牛肉（牛上腰）150g

芝麻菜100g

西柚1个

牛油果1/2个

柠檬汁适量

盐、胡椒、橄榄油少许

1

2

3

4

5

1 西柚洗净，用削皮器削皮后放一边，将西柚果肉切成适当大小。

2 牛肉切成2.5cm大小的方块，将盐、胡椒粉、橄榄油和西柚皮拌匀，
撒在牛肉块上。

3 牛油果去皮切成牛肉大小，然后在上面浇上柠檬汁。

4 平底锅烧热，洒上橄榄油，把步骤2的牛肉放进平底锅里烤。

5 将准备好的食材都放入碗里，倒入西柚酱汁轻轻拌好，加盐和胡椒粉
调咸淡。

#没有削皮器时，可使用普通水果刀剥开西柚皮后切丝。

 西柚酱汁

 + + + + + +

西柚汁
1/2个

洋葱末
1大勺

第戎芥末酱
1/2大勺

红酒香醋
1/2大勺

橄榄油
1大勺

砂糖
1/2大勺

盐和胡椒粉
少许

香草粉
适量

这款沙拉是将切成大块的猕猴桃与多种蔬菜，还有营养丰富又爽口的芦笋搭配起来。由爽口的猕猴桃酱汁搭配，起到画龙点睛的作用。

Green Green Salad

鲜绿沙拉

原料

沙拉蔬菜（长叶莴苣、油菜、芥菜叶等）150g

猕猴桃2个

芸豆10根

芦笋4根

盐少许

1

2

3

4

1 将芸豆、芦笋和盐放入沸水中，稍微焯一下，捞出放入凉水中，冷却后切两半。

2 将沙拉蔬菜洗净后泡在冰水里，食用前捞出沥干水分。

3 猕猴桃洗净，竖着切成4份，然后再将其切成两半。

4 将准备好的蔬菜和芸豆装盘，在上面摆好猕猴桃，洒上猕猴桃酱汁。

#芸豆煮太久会不好吃。稍微焯一下后冷却保管，味道才香脆。

 猕猴桃酱汁

 + + + + +

猕猴桃1个榨好汁　洋葱末15g　柠檬汁1大勺　枫糖浆1大勺　橄榄油2大勺　盐和胡椒粉少许

蓝莓里含有丰富的花青素成分，使得它抗氧
化效果超群，被评选为十大健康食品之一。
这款沙拉是在忙碌的早晨，既能节省时间，
又能带来饱腹感的食品。

蓝莓麦片沙拉

原料

生蓝莓100g

草莓10颗

香蕉2根

麦片50g

1

2

3

4

1 将蓝莓洗净后沥干水分，草莓洗净后去掉草莓蒂，切成两半。

2 香蕉去皮，切成一口大小。

3 将蓝莓、草莓、香蕉装入容器里，倒上芝麻蛋黄酱酱汁均匀拌好。

4 将步骤3放入碗中，撒上麦片。

 芝麻蛋黄酱酱汁

 + + + + +

原味酸奶	蛋黄酱	芝麻粉	牛奶	食用醋	砂糖
3大勺	2大勺	1大勺	1小勺	1大勺	1小勺

土豆当中含有各种营养成分，因此，喜欢吃土豆的朋友不会营养失调。把营养丰富的土豆和甜甜的红薯切成容易食用的大小再开始制作这道沙拉吧。

土豆红薯沙拉

原料

土豆（中）1个
红薯（中）1个
苹果1个
黄瓜1/2个
酸黄瓜2个
杏仁片1/4杯

1　　　　　　　2　　　　　　　3

4　　　　　　　5

1　土豆和红薯皮上的泥洗干净，不去皮，切成3cm厚的土豆片和红薯片。

2　将步骤1的食材放入沸水里煮20分钟，注意不要煮太软，捞出后切成3cm大小的方块。

3　将苹果和黄瓜洗净后切成1cm大小的方块，酸黄瓜切成更小的方块。

4　将杏仁片放入干燥的平底锅里烤至香脆。

5　准备好土豆、红薯、苹果、黄瓜、酸黄瓜，倒上枫糖浆酸奶酱汁拌好后装盘，最后在上面撒上杏仁片。

 枫糖浆酸奶酱汁

 + + + + + +

原味酸奶　　枫糖浆　　　红酒醋　　　芥菜籽酱　　柠檬汁　　　柠檬皮碎　　欧芹粉　　　盐和胡椒粉
85g　　　　1大勺　　　1大勺　　　1大勺　　　1小勺　　　1份　　　　1小勺　　　少许

鸡胸脯肉味道清淡爽口，但因为口感偏柴，适合利
用油类或者酱汁来制作，这样能把鸡肉柔和的口感
体现出来。同时也建议尝试搭配中国风味的酱汁，
可以体验到与众不同的沙拉。

鸡胸脯肉沙拉

原料

鸡胸脯肉2块

沙拉蔬菜（西生菜、
芥菜叶、油菜等）
100g

口蘑50g

圣女果5个

芹菜1/2根

黄瓜1/2根

鸡精5g

花生碎2大勺

盐、胡椒粉适量

1　将两杯水和鸡精倒入锅里熬制鸡汤。将鸡胸脯肉放入鸡汤里煮熟后，用手撕成细丝。

2　口蘑保留根部切成片状，加盐和胡椒粉调味后，放在平底锅里翻炒。

3　圣女果去蒂洗净，切成两半。芹菜切小块，黄瓜切成半月形。

4　蔬菜洗净，沥干水分，切成适当大小。

5　将蔬菜和步骤3的蔬菜、鸡胸脯肉、口蘑装入大盘，均匀地淋上花生海鲜酱酱汁，最后撒上花生碎。

 花生海鲜酱酱汁

 ＋ ＋ ＋ ＋

花生酱	砂糖	海鲜酱	柠檬汁	生姜汁	香油
1大勺	1大勺	2大勺	2大勺	1小勺	1小勺

最好准备肥肉相对少的鸭胸脯肉，这样可以享受更加
清淡爽口的沙拉。

熏制鸭胸脯肉沙拉

原料

熏制鸭肉（胸脯肉）
200g
橙子1个
沙拉蔬菜150g

1

2

3

4

1　平底锅加热，放上熏制鸭肉烤好，用厨房吸油纸按压吸走油分。

2　橙子去皮，果肉切成适当大小。

3　蔬菜洗净，泡进冰水里，食用前捞出，切成适当大小。

4　将蔬菜装盘，均匀地摆好橙子和熏制鸭肉，浇上萝卜柚子酱汁。

萝卜柚子酱汁

柚子酱汁
1/2大勺

\+

柚子汁
1大勺

\+

食用醋
1大勺

\+

榨好的萝卜
1/4杯

\+

切碎的香葱
1大勺

\+

清酒
1/2大勺

\+

水
3大勺

在家享用气派的

咖啡店沙拉

在这里向大家介绍咖啡厅必点的沙拉及最近流行的
人气沙拉。为了让大家在家里可以轻松做到，特意
准备了用简单食材制作的美味沙拉。

Special
SALAD 02

尝试将香浓爽口的里科塔芝士放入沙拉里面享用一下吧。味道会比店里卖的还要好吃。

里科塔芝士沙拉

原料

里科塔芝士150g
（牛奶1L、淡奶油
400mL、蜂蜜1大
勺、盐1大勺、柠檬
汁1份）
沙拉蔬菜150g
圣女果5个
蔓越莓干1大勺
杏仁10个

1   2   3   4   5   6

1 煮锅里放入牛奶、淡奶油、蜂蜜、盐和柠檬汁，用中火慢慢煮。等牛奶开始凝固，用木制锅铲搅动几次。

2 芝士凝固在木制锅铲上时熄火，用纱布过滤芝士，就制成了里科塔芝士。

3 沙拉蔬菜洗净，沥干水分，切成适当大小。

4 圣女果去蒂洗净。

5 杏仁放平底锅里烤，注意不要烤焦，待杏仁冷却后切碎。

6 将沙拉蔬菜和圣女果装盘，摆上足量的里科塔芝士，洒上意大利香醋油酱汁，撒上杏仁和蔓越莓干。

#制作里科塔芝士时，请不要使用低脂牛奶，一定要用普通牛奶。

 意大利香醋油酱汁

 + + + +

意大利香醋   橄榄油   洋葱末   砂糖   盐
3大勺   2大勺   1大勺   1大勺   1/2小勺

为深夜来到餐厅的客人，老板考伯用冰箱里剩下的食材做出了一道沙拉，这是考伯沙拉名字的由来。把冰箱里剩下的各种食材利用起来就好。

考佰沙拉

原料

鸡胸脯肉1块
圣女果10个
牛油果1个
鸡蛋2个
培根4条
黑橄榄8颗
盐1/4小勺
胡椒粉少许
食用油1大勺

1

2

3

4

5

1 煮锅倒水，将鸡蛋完全泡入水中，用大火煮15分钟左右，去皮后泡在凉水里。

2 用小火烧平底锅，放上培根烤5分钟直至香脆，用厨房吸油纸吸走油分，冷却后将培根切成1.5cm大小的块状。

3 鸡胸脯肉撒上盐和胡椒粉调味，锅里热油，用中火烤鸡胸脯肉，上下面各烤3分钟，再转成小火，盖上锅盖，上下面各烤2分钟。

4 等烤好的鸡胸脯肉不烫手时，切成1.5cm大小的方块。

5 牛油果去皮，切成1.5cm大小的方块，水煮蛋和西红柿也切成同样大小，黑橄榄切成薄片。

6 将准备好的食材一一装盘，淋上法式酱汁。

#也可以将所有食材和酱汁拌好后装盘。

 法式酱汁

 + + +

橄榄油   白葡萄酒香醋   第戎芥末酱   砂糖
4大勺   4大勺   1大勺   1½大勺

西方的生菜长叶莴苣里加入鳀鱼酱来调味，使它的味道变得丰富，再和恺撒酱汁搭配起来，就完成了一道咖啡厅式的沙拉。把烤好的培根和面包丁放进去就锦上添花了。

恺撒沙拉

原料

长叶莴苣9～10片

培根4条

吐司面包2片

盐1/2小勺

橄榄油1大勺

帕玛森芝士适量

1 长叶莴苣用凉水洗净，切成适当大小，用筛子沥干水分。

2 吐司面包切成1.5cm大小的方块，帕玛森芝士用削皮器削成薄片。

3 将吐司面包、橄榄油和盐装入容器，轻轻拌好后，放在烤盘上，放入200℃烤箱烤7分钟，烤出面包干。

4 平底锅小火烧热，放入培根烤5分钟，烤至香脆后，用厨房吸油纸按压吸走油分，待培根冷却后切丁。

5 长叶莴苣用恺撒酱汁拌好装盘，撒上面包干、培根和帕玛森芝士。

 恺撒酱汁

 + + + + + +

| 蛋黄 2个 | 切碎的鳀鱼罐头3片 | 蒜末 1小勺 | 帕玛森芝士粉 2大勺 | 芥菜籽酱 1小勺 | 意大利香醋 1小勺 | 柠檬汁 1大勺 | 橄榄油 2大勺 |

接下来是一道在家也可以享受的高级沙拉。准备好熏制三文鱼，与辣根酱汁搭配起来，就这么简单地完成了一道好吃的沙拉。

Smoked Salmon Salad

熏制三文鱼沙拉

原料

切片的烟熏三文鱼10片

西生菜100g

洋葱1/2个

圣女果6个

续随子2大勺

柠檬1/2个

胡椒粉少许

1   2   3

4

1 西生菜洗净，泡在冰水里，食用前捞出沥干。

2 洋葱切成圆形薄片状，泡在凉水里去辣味。圣女果去蒂，洗净后切成两半。

3 烟熏三文鱼片上面洒上柠檬汁，撒上胡椒粉，放置一边。

4 将准备好的蔬菜和烟熏三文鱼片装盘，摆上圣女果和续随子，淋上辣根酱汁。

 辣根酱汁

| | + | | + | | + | | + | | + | |

辣根 1½大勺　　洋葱末 1½大勺　　蛋黄酱 4大勺　　砂糖 1大勺　　柠檬汁 1½大勺　　盐 1小勺

这款泰国风味的面条让你在家也可以
尝到异国风情的味道。

香辣泰国面条沙拉

原料

米线100g

短爪章鱼4只

大虾6只

西生菜150g

青梗菜2棵

黄瓜1/2根

红辣椒1根

1

2

3

4

5

6

1 米线放进温水里泡开后，放沸水里焯一下，捞出后凉水冲洗，沥干水分。

2 大虾洗净，去掉虾壳，用牙签去掉内脏。短爪章鱼洗净，切成适当大小。

3 收拾好的大虾和短爪章鱼放沸水里焯一下，沥干水分。

4 西生菜和青梗菜洗净，泡在冰水里，食用前沥干水分，撕成小片。

5 黄瓜切成薄片，红辣椒切丝后泡冰水里。

6 将西生菜和青梗菜装盘，用香辣辣椒酱酱汁拌好米线、大虾和短爪章鱼后摆上去，最上面均匀地撒上红辣椒。

 香辣辣椒酱酱汁

红辣椒切碎
1½个

+

蒜末
1½小勺

+

砂糖
2大勺

+

青柠汁
3大勺

+

柠檬汁
2大勺

+

鱼露
2大勺

+

拉差香甜辣椒酱
1½大勺

+

切碎的香菜

盐和胡椒粉
少许

当家里的冰箱里剩下少量的牛肉时，正好可以尝试做这道沙拉。如果牛肉实在太少，可以多加点儿蔬菜或者把烤过的南瓜、土豆和胡萝卜一起放上也是不错的选择。

Steak Salad

牛排沙拉

原料

牛肉（外脊肉）200g

蔬菜（菊苣、意大利菊苣）150g

蔬菜嫩叶20g

橄榄油1大勺

盐和胡椒粉少许

1

2

3

4

1 蔬菜用流水洗净后沥干。

2 牛肉切成适当大小，平底锅烧热加橄榄油，把牛肉放上去，撒上盐和胡椒粉，上下两面煎烤。

3 烤好的牛肉用适量罗勒浓缩香醋酱汁拌好，使牛肉入味。

4 将沙拉蔬菜装盘，摆上烤好的牛肉，撒上剩下的蔬菜嫩叶，洒上剩下的酱汁。

 罗勒浓缩香醋酱汁

 + + + + + + +

罗勒 3片切好　洋葱末 1小勺　蒜末 1/2小勺　橄榄油 2大勺　意大利浓缩香醋酱汁 1大勺　柠檬汁 1大勺　蜂蜜 1/2大勺　盐 1/3小勺

胡椒粉 少许

这是一道用多种海鲜和蘑菇制作出的高级沙拉。
把海鲜和蘑菇撒上盐，放一些橄榄油在锅里煎
烤，浇上酱汁就完成这道高级的沙拉。

海鲜蘑菇沙拉

原料

扇贝4个

巴非蛤100g

蛤仔100g

香菇3个

双孢菇3个

杏鲍菇2个

金针菇100g

平菇50g

蒜末2小勺

洋葱末1大勺

意大利辣椒2个

清酒1/4杯

橄榄油2大勺

香油1小勺

香草粉、盐和胡椒粉少许

1 蛤仔和巴非蛤泡在盐水里去除淤泥味，洗净后沥干水分。

2 扇贝前后都划出1cm厚的十字，撒上盐、胡椒粉、香草粉，洒上香油调味。

3 平底锅烧热，倒入橄榄油，放1小勺蒜末翻炒，再加上调好味的扇贝煎烤。

4 蘑菇切成适当大小，平底锅烧热倒油，放入蘑菇、盐和胡椒粉，用中火烤。

5 平底锅烧热，倒入橄榄油，放入1小勺蒜末和洋葱末翻炒，再加步骤1翻炒。巴非蛤张开后，倒入清酒和捣碎的意大利辣椒，继续翻炒。待清酒酒香味消失，用盐和胡椒粉调味。

6 将巴非蛤、蛤仔、扇贝和蘑菇装盘，淋上香醋黄芥末罗勒酱汁。

 香醋黄芥末罗勒酱汁

 + + + + + +

| 切碎的罗勒1大勺 | 洋葱末2大勺 | 橄榄油3大勺 | 意大利香醋3大勺 | 芥菜籽酱1大勺 | 蜂蜜1/2大勺 | 盐和胡椒粉少许 |

能当下饭菜的

韩式沙拉

沙拉已经成为餐桌上常见的食物。那适合韩餐的
沙拉有哪些呢？接下来给大家介绍几款可以当下
饭菜的韩式沙拉。

Special
SALAD 03

把清淡的豆腐和虾轻轻地焯一下，然后把清爽的蔬菜和苹果也加进去，再配合香浓的豆腐酱汁。简简单单的一款健康的沙拉就完成了。

虾仁豆腐沙拉

原料

中虾8只

豆腐（沙拉用）1/2块

苹果1/4个

蔬菜嫩叶80g

橄榄油1/2大勺

盐和胡椒粉少许

1

2

3

4

1 虾放入沸水焯一下，去掉虾头和皮，大点儿的虾切成两半。

2 豆腐用厨房纸巾包好吸走水分，用手撕成小块。

3 苹果切片成半月形，蔬菜嫩叶洗净后沥干水分。

4 将焯好的虾、豆腐、苹果和蔬菜嫩叶装碗，放橄榄油、盐和胡椒粉轻轻拌好后，淋上豆腐酱汁。

豆腐酱汁

 + + + +

豆腐泥	柠檬汁	橄榄油	砂糖	盐和胡椒粉
30g	2大勺	1½大勺	1小勺	少许

脂肪含量少，味道清淡的鸡胸脯肉，用橄榄油烤过后口感会更佳。再配合上香浓、柔和的杏仁酱汁，味道恰到好处。

香辣鸡胸脯肉沙拉

原料

鸡胸脯肉2块

苏子叶10片

大葱2根

红辣椒2根

彩椒调料1小勺

辣椒粉1小勺

橄榄油1大勺

盐和胡椒粉少许

1

3

4

5

1 大葱均匀切丝，泡在冰水里，红辣椒去蒂切成两半，去籽后均匀切丝，也泡在冰水里。苏子叶切成1cm宽。

2 铺开吸油纸，将鸡胸脯肉放上去，撒上盐、胡椒粉、彩椒调料和辣椒粉，均匀拌好。

3 用吸油纸包好腌过的鸡胸脯肉，使用擀面杖拍打鸡胸脯肉直至1.5cm厚度。

4 平底锅烧热倒橄榄油，步骤3放上去两面煎烤。肉里面都熟透后，切成适当大小。

5 将切好的大葱和苏子叶装盘，摆上烤好的鸡胸脯肉，淋上杏仁酱汁，最后装饰红辣椒丝。

 杏仁酱汁

 + + + +

捣碎的杏仁3大勺　豆乳6大勺　蜂蜜1½小勺　食用醋1½小勺　盐和胡椒粉少许

韭菜特有的味道，不仅可以刺激人的味蕾，还具有丰富的维生素，有助于新陈代谢。与油分丰富的牛胸脯肉一起食用，是很均衡的搭配。

Beef Brisket Leek Salad

牛腩韭菜沙拉

原料

牛腩200g

洋葱1/8个

细叶韭菜40g

小萝卜2根

香油1小勺

盐和胡椒粉少许

1

2

3

4

5

1 洋葱切丝，泡在凉水里去辣味，然后沥干水分。

2 细叶韭菜切成5cm长，小萝卜切薄片。

3 平底锅烧热，放上牛腩，中火烤好后，放在厨房吸油纸上，吸走油分。

4 将洋葱、细叶韭菜装盘，用盐、胡椒粉和香油轻轻拌一下，倒入芝麻酱汁2大勺后均匀拌好。

5 将步骤4装盘，摆上牛腩和小萝卜，浇上剩下的酱汁。

#想要去除洋葱的辣味，可以在冷水中冲洗多次。

 芝麻酱汁

芝麻
4大勺

+
花生酱
2大勺

+
蛋黄酱
2大勺

+
洋葱末
1大勺

+
砂糖
1½大勺

+
酱油
1大勺

+
食用醋
1大勺

+
香油
1大勺

胡椒粉
少许

菠菜是维生素A含量最高的蔬菜，也是钙和铁含量丰富的碱性食物。菠菜和牛肉是天生一对，搭配芥末籽大蒜酱汁食用，简直是锦上添花。

Spinach Beef Salad

菠菜牛肉沙拉

原料

菠菜100g

牛肉（里脊）100g

杏鲍菇1个

大蒜10瓣

芥花籽油2大勺

盐和胡椒粉少许

1

2

3

4

5

<u>1</u> 菠菜去根，一片片摘下来，用流水洗净沥干。

<u>2</u> 大蒜切薄片，平底锅烧热倒芥花籽油，大蒜炒至金黄。

<u>3</u> 杏鲍菇竖着切成长片，放入刚才炒大蒜的锅里，撒上盐和胡椒粉，两面煎烤。

<u>4</u> 牛肉放入炒杏鲍菇的锅里，撒上盐和胡椒粉，两面煎烤。

<u>5</u> 将菠菜、杏鲍菇、大蒜和牛肉装碗，用芥末籽大蒜酱汁拌好。

 芥末籽大蒜酱汁

 + + + + +

葡萄籽油 1½大勺 　 芥末籽 1大勺 　 炒蒜末 1大勺 　 洋葱末 1大勺 　 食用醋 2大勺 　 砂糖 1/2小勺

保存在冰箱里吃的

储藏式沙拉

虽然水果和蔬菜直接食用也非常美味，但稍微添加一些甜味和酸味的调料烹饪过以后，可以长时间地放置并有另一种风味。让我们把新鲜的应季食材使用起来，把它们变成可以长时间放置食用的沙拉吧。

Special
SALAD 04

通心粉煮到适当程度后富有弹性，再配上黄瓜、萝卜、鸡蛋等，用香浓的蛋黄酱拌出来就成为通心粉沙拉。还有口感丰富的玉米沙拉，可以算是储藏式沙拉里的两个经典。

通心粉沙拉

玉米沙拉

通心粉沙拉&玉米沙拉

原料

通心粉沙拉

通心粉200g
黄瓜1根
胡萝卜1/2个
煮鸡蛋3个
午餐肉100g
蟹棒3块
盐适量

玉米沙拉

罐装玉米粒8大勺
黄瓜1根
蛋黄酱3大勺
柠檬汁2大勺

1

2

3

通心粉沙拉

1 黄瓜和胡萝卜、午餐肉切成1cm大小的方块，蟹棒切成细条。煮鸡蛋剥皮后切大块。

2 沸水里加盐，加切好的胡萝卜焯一下。焯好的胡萝卜放在筛子里沥干水分。

3 通心粉放入刚才煮过胡萝卜的水里，煮7分钟左右。煮好的通心粉放在筛子里沥干水分。

4 将准备好的食材和煮好的通心粉装入容器，用通心粉酱汁拌好，装进储存容器里放冰箱保存。

1

2

玉米沙拉

1 用筛子沥干玉米粒水分，黄瓜切成玉米粒大小。

2 玉米粒和黄瓜装碗，放入蛋黄酱和柠檬汁拌好。

#在烤箱容器里装满玉米沙拉，摆上莫扎雷拉芝士，放入180℃烤箱烤7分钟左右，就做出酥皮玉米沙拉了。

 通心粉酱汁

 + + +

蛋黄酱　　　牛奶　　　　砂糖　　　盐和胡椒粉
200g　　　1/2杯　　　1大勺　　　少许

卷心菜沙拉

可以长时间享受的爽口、酥脆的卷心菜沙
拉，也可以偶尔尝试搭配苹果，就可以品尝
到另一种口味。

苹果卷心菜沙拉

卷心菜沙拉&苹果卷心菜沙拉

原料

卷心菜沙拉

卷心菜1/2个（500g）

罐装玉米粒100g

盐和欧芹粉少许

卷心菜酱汁

蛋黄酱10大勺

食用醋3大勺

砂糖3大勺

盐1/2小勺

胡椒粉少许

苹果卷心菜沙拉

卷心菜1/2个（500g）

苹果1个

盐和欧芹粉少许

卷心菜酸奶酱汁

原味酸奶4大勺

蛋黄酱2大勺

芥菜籽1小勺

芥花籽油4大勺

食用醋2大勺

砂糖2小勺

盐和胡椒粉少许

1   2   4

卷心菜沙拉

1 卷心菜竖着切成两半，去掉根部，切成7～8mm的丝，撒上盐腌制20分钟左右。

2 平铺卷心菜菜叶，使盐均匀地入味，然后放筛子里，用流水清洗，挤干水分。

3 玉米粒放筛子里，沥干水分。

4 卷心菜、玉米粒和卷心菜酱汁拌好后，稍等片刻等其变软。蔬菜稍微变软后，加盐调咸淡，撒上欧芹粉后，装入容器里保存。

1   2   4

苹果卷心菜沙拉

1 卷心菜竖着切成两半，去掉根部，切成7～8mm的丝，撒上盐腌制20分钟左右。

2 平铺卷心菜菜叶，使盐均匀地入味，然后放筛子里，用流水清洗，挤干水分。

3 苹果去核，切成卷心菜同样大小。

4 卷心菜、苹果和卷心菜酸奶酱汁拌好后，稍等片刻等其变软。蔬菜稍微变软后，加盐调咸淡，撒上欧芹粉后，装入容器里保存。

可以将鹰嘴豆和几种蔬菜搭配，做出一道清心、爽口的沙拉。
鹰嘴豆含有丰富的蛋白质和钙，还有食物纤维，但脂肪含量却
很少，所以非常有助于减肥。

鹰嘴豆沙拉

原料

干鹰嘴豆1杯
黄瓜1/2根
彩椒1个
芹菜1根
洋葱1/2个
罗勒4～5片
盐少许

1

2

3

4

1 鹰嘴豆洗净，放水里泡半天，放入煮锅里，倒入3倍的水，煮15分钟左右。鹰嘴豆煮好，用筛子过滤水分。

2 黄瓜、彩椒、芹菜和洋葱切成1.5cm大小的块状。全部装入容器中，撒上盐均匀混合，放置10分钟。蔬菜里流出的水分要倒掉。

3 罗勒均匀地切丝。

4 将所有的食材装入碗中，倒入柠檬油酱汁均匀拌好。

 柠檬油酱汁

 + + +

橄榄油　　　柠檬汁　　　　醋　　　盐和胡椒粉
6大勺　　　2大勺　　　1大勺　　　少许

清脆的芸豆和大蒜腌制成的西式泡菜，可以与西餐搭配，也可以作为下饭菜。轻轻焯过后清炒是大家很熟悉的吃芦笋的方法，我们也可以尝试把芦笋腌制成西式泡菜，味道也特别美味。

芦笋洋葱泡菜

四季豆大蒜泡菜

Green Beans Garlic Pickle & Asparagus Onion Pickle

四季豆大蒜泡菜&芦笋洋葱泡菜

原料

四季豆大蒜泡菜

芸豆200g
大蒜5瓣
盐少许

泡菜水A

白葡萄酒香醋1杯
水1杯
砂糖2大勺
盐2大勺
意大利辣椒3个
整粒胡椒1/4小勺

1　　2　　3

四季豆大蒜泡菜

1 芸豆和盐放入沸水中焯一下，沥干水分后放入玻璃瓶里。

2 大蒜切厚片，放入步骤1里。

3 将足量的泡菜水A放入煮锅，煮沸腾后，趁热倒入步骤2里。等冷却后盖上盖子，放冰箱1周左右使其发酵。

#没有白葡萄酒香醋时，可以用食用醋代替；没有意大利辣椒时，可以用青阳辣椒代替。

芦笋洋葱泡菜

粗芦笋30根（1kg）
洋葱1个
粗盐少许

泡菜水B

柠檬1/2个
醋2杯
水2杯
砂糖1½杯
盐5大勺
月桂树叶2片
意大利辣椒5个
整粒胡椒少许

1　　2　　4

芦笋洋葱泡菜

1 芦笋切掉坚硬的根部，剥开底部的一层皮，用粗盐包裹后，腌制30分钟。

2 洋葱切丝。

3 腌制好的芦笋用水冲洗去盐，沥干水分后放入玻璃瓶里，再放入准备好的洋葱。

4 将足量的泡菜水材料放入煮锅，煮沸腾后，趁热倒入步骤3里。等冷却后盖上盖子，放冰箱1周左右使其发酵。

#芦笋要挑粗一点儿的，即使长时间保存，也能口感清脆。

胡萝卜与花椰菜富含丰富的维生素和营养成分，我们可以多准备一些来腌制西式泡菜。据说是越吃越好吃，不论什么时候都让人满足的一道料理。

迷你胡萝卜泡菜

花椰菜泡菜

迷你胡萝卜泡菜&花椰菜泡菜

原料

迷你胡萝卜泡菜

迷你胡萝卜30根

泡菜水

白葡萄酒香醋1杯

水1杯

砂糖2大勺

盐2大勺

腌渍香料2大勺

1   2

迷你胡萝卜泡菜

1 胡萝卜去除茎部，削皮洗净，放入玻璃瓶。

2 将足量的泡菜水材料放入煮锅，煮沸腾后，趁热倒入步骤1里。等冷却后盖上盖子，放冰箱1周左右使其发酵。

#没有迷你胡萝卜时，可以将普通胡萝卜切成细长条后使用。

花椰菜泡菜

花椰菜200g

西蓝花100g

盐少许

泡菜水

柠檬1/2个

醋2杯

水2杯

砂糖1½杯

盐5大勺

意大利辣椒5个

腌渍香料3大勺

月桂树叶2片

1   2   3

花椰菜泡菜

1 花椰菜和西蓝花用刀切成适当大小，然后洗净。

2 在沸水里加点儿盐，放步骤1进去焯一下，沥干水分后放入瓶中。

3 将足量的泡菜水材料放入煮锅，煮沸腾后，趁热倒入步骤2里。等冷却后盖上盖子，放冰箱1周左右使其发酵。

#可以使用各种颜色的花椰菜。简单地放入玻璃瓶里，就是一道华丽的风景。

©2018，简体中文版权归辽宁科学技术出版社所有。

本书由HEALTH CHOSUN Co., Ltd.授权辽宁科学技术出版社在中国出版中文简体字版本。著作权合同登记号：第06-2016-176号。

图书在版编目（CIP）数据

沙拉教室 /（韩）金胤晶著；贝果译 . — 沈阳：辽宁科学技术出版社 , 2018.8
ISBN 978-7-5591-0724-4

Ⅰ . ①沙… Ⅱ . ①金… ②贝… Ⅲ . ①沙拉 – 菜谱
Ⅳ . ① TS972.118

中国版本图书馆 CIP 数据核字 (2018) 第 096125 号

出版发行：辽宁科学技术出版社
　　　　　（地址：沈阳市和平区十一纬路 25 号 邮编：110003 ）
印 刷 者：辽宁新华印务有限公司
经 销 者：各地新华书店
幅面尺寸：170mm×240mm
印　　张：10.5
字　　数：300 千字
出版时间：2018 年 8 月第 1 版
印刷时间：2018 年 8 月第 1 次印刷
责任编辑：朴海玉
封面设计：魔杰设计
版式设计：袁　舒
责任校对：尹　昭　王春茹

书　　号：ISBN 978-7-5591-0724-4
定　　价：42.00 元
邮购热线：024-23284502
编辑电话：024-23284367